工业和信息产业科技与教育专著出版资金资助出版

基于岗位职业能力培养的高职网络技术专业系列教材建设

VPN及安全验证技术

李志杰　主编

李久仲　李兆伦　所辉　唐超　等编著

电子工业出版社

Publishing House of Electronics Industry

北京·BEIJING

内 容 简 介

本书以实际网络应用为背景,采用项目驱动的方式进行内容组织,系统全面地介绍了 VPN 加密技术和隧道技术,基于 Windows 系统的 VPN 网络的组建,基于 Linux 系统的 VPN 网络的组建,基于路由器的 VPN 网络的组建,基于 VPN 设备的 VPN 网络的组建等知识。本书充分利用 VMware 和 GNS3 等模拟器,实现各种网络平台的 VPN 网络构建,通过一台计算机就可实现各种 VPN 网络的部署。本书内容由浅入深,分层分步骤讲解,并把实际经验融入其中。

本书主要作为高等院校网络技术相关专业的教材,也可作为网络工程师、网络管理员等岗位的培训教材,还可供从事计算机网络设计和施工的工程人员学习参考。

未经许可,不得以任何方式复制或抄袭本书之部分或全部内容。
版权所有,侵权必究。

图书在版编目(CIP)数据

VPN及安全验证技术 / 李志杰主编.—北京:电子工业出版社,2014.8
基于岗位职业能力培养的高职网络技术专业系列教材建设
ISBN 978-7-121-23265-7

Ⅰ.①V… Ⅱ.①李… Ⅲ.①虚拟网络—高等职业教育—教材 Ⅳ.①TP393.01

中国版本图书馆CIP数据核字(2014)第105091号

策划编辑:束传政
责任编辑:束传政
特约编辑:赵海军　罗树利
印　　刷:北京七彩京通数码快印有限公司
装　　订:北京七彩京通数码快印有限公司
出版发行:电子工业出版社
　　　　　北京市海淀区万寿路173信箱　邮编:100036
开　　本:787×1092　1/16　印张:13.5　字数:346千字
版　　次:2014年8月第1版
印　　次:2020年8月第5次印刷
定　　价:32.00元

凡所购买电子工业出版社图书有缺损问题,请向购买书店调换。若书店售缺,请与本社发行部联系,联系及邮购电话:(010)88254888。
质量投诉请发邮件至zlts@phei.com.cn,盗版侵权举报请发邮件至dbqq@phei.com.cn。
服务热线:(010)88258888。

编委会名单

编委会主任

吴教育　　　教授　　　　　阳江职业技术学院院长

编委会副主任

谢赞福　　　教授　　　　　广东技术师范学院计算机科学学院副院长
王世杰　　　教授　　　　　广州现代信息工程职业技术学院信息工程系主任

编委会执行主编

石　硕　　　教授　　　　　广东轻工职业技术学院计算机工程系
郭庚麒　　　教授　　　　　广东交通职业技术学院人事处处长

委员（排名不分先后）

王树勇　　　教授　　　　　广东水利电力职业技术学院教务处处长
张蒲生　　　教授　　　　　广东轻工职业技术学院计算机工程系
杨志伟　　　副教授　　　　广东交通职业技术学院计算机工程学院院长
黄君美　　　微软认证专家　广东交通职业技术学院计算机工程学院网络工程系主任
邹　月　　　副教授　　　　广东科贸职业学院信息工程系主任
卢智勇　　　副教授　　　　广东机电职业技术学院信息工程学院院长
卓志宏　　　副教授　　　　阳江职业技术学院计算机工程系主任
龙　翔　　　副教授　　　　湖北生物科技职业学院信息传媒学院院长
邹利华　　　副教授　　　　东莞职业技术学院计算机工程系副主任
赵艳玲　　　副教授　　　　珠海城市职业技术学院电子信息工程学院副院长
周　程　　　高级工程师　　增城康大职业技术学院计算机系副主任
刘力铭　　　项目管理师　　广州城市职业学院信息技术系副主任
田　钧　　　副教授　　　　佛山职业技术学院电子信息系副主任
王跃胜　　　副教授　　　　广东轻工职业技术学院计算机工程系
黄世旭　　　高级工程师　　广州国为信息科技有限公司副总经理

秘书

束传政　电子工业出版社　rawstone@126.com

前言

随着计算机网络技术的不断发展与普及应用，网络已经成为许多企业事业单位办公的重要平台。当移动用户或远端内部网络用户采用传统的远程访问方式进行网络沟通，不但通信费用比较高，而且在进行数据传输时，不能保证通信的安全性。为了使内部用户能够在远端成功、安全地访问内部网络资源，通过 Internet 建立 VPN 连接是一个理想的选择。

VPN，英文全称为 Virtual Private Network，即虚拟专用网络，是一种远程访问技术。VPN 应用不断普及，各种 VPN 应用平台均在不断发展，本书紧跟技术和市场前沿，介绍当下应用最为广泛的 4 种网络平台，包括基于 Windows 系统构建 VPN 网络，基于 Linux 系统构建 VPN 网络，基于路由器构建 VPN 网络，基于 VPN 设备构建 VPN 网络。

网络的发展使得各种网络安全问题层出不穷，通过公共网络直接连入内部网络的 VPN 的安全显得更为重要。从安全角度出发，重点介绍网络安全基础知识和基本操作技能，在所有的 VPN 网络平台的构建中，一直以网络安全为主线来实现各种 VPN 技术。

VPN 网络安全技术是一门实验性很强的课程，需要通过实际网络设计过程来加深学生对教学内容的理解，培养学生分析、解决问题的能力。但实验又是一大难题，因为很少有学校能够满足这些 VPN 网络设备的实验所需的条件。本书以多数学校网络实验室为背景设计实验，通过虚拟的方式来实现 VPN 网络构建。其中 VMware 虚拟系统软件用于搭建网络操作系统，为 Windows 和 Linux 系统平台中 VPN 服务器搭建提供了网络实验环境；GNS3 模拟器用于模拟思科网络设备，通过 GNS3 中的路由器实现基于路由器的 VPN 网络构建，通过 GNS3+ASA 实现基于 VPN 专用设备的 VPN 网络构建。

通过网络虚拟技术，在 Windows 网络平台中实现了路由和远程访问服务及 Forefront 两种工具搭建 VPN 网络，在 Linux 网络平台中实现了 PPTP 和 OPEN 等 VPN 网络，在路由器网络平台中实现了 GRE、IPSec、GRE over IPSec、SSL 等 VPN 网络，在 VPN 专用设备网络平台中实现了 IPSec、SSL、PPTP、L2TP、EzVPN 等 VPN 网络。

本书由广东机电职业技术学院的李志杰负责编写及统稿，其中项目 1 由所辉编写，项目 2 由李荣俊和李久仲共同编写，项目 3 由曾健和方伟杰共同编写，项目 4 由黄利龙和李志杰共同编写，项目 5 由唐超和李兆伦共同编写。其中李兆伦、唐超、黄利龙、李荣俊、曾健均是来自企业一线的网络工程师，同时得到在职企业的大力支持和帮助，在此一并表示感谢！

本书配有相关资源和课件，读者可登录华信教育资源网（www.hxedu.com.cn）免费下载。

由于网络技术发展日新月异，加上编者水平有限，书中难免存在疏漏之处，恳请广大同行、专家及读者批评指正。

编　者
2014 年 5 月

Contents

项目1　初识VPN …………………………… 1
　任务1-1　VPN的概念和功能 ………… 1
　任务1-2　实现VPN的加密技术 ……… 3
　任务1-3　实现VPN的隧道技术 ……… 10
　　　　思考练习 ……………………… 14

项目2　基于Windows的VPN网络的
**　　　　组建** ……………………………… 16
　任务2-1　Windows 系统中基于
　　　　　　PPTP VPN网络的组建 …… 16
　　　　任务描述 ………………………… 16
　　　　相关知识 ………………………… 17
　　　　任务操作 ………………………… 19
　　　　任务拓展——基于L2TP协议
　　　　　　　　　　访问 ……………… 29
　　　　项目实训 ………………………… 30
　任务2-2　基于Forefront TMG2010 VPN
　　　　　　网络的组建 ………………… 31
　　　　任务描述 ………………………… 31
　　　　相关知识 ………………………… 32
　　　　任务操作 ………………………… 33
　　　　任务拓展——设置访问策略 …… 45
　　　　项目实训 ………………………… 51
　　　　思考练习 ………………………… 52

项目3　基于Linux系统的VPN网络的
**　　　　组建** ……………………………… 54
　任务3-1　基于PPTP VPN网络的组建　54
　　　　任务描述 ………………………… 54
　　　　相关知识 ………………………… 55
　　　　任务操作 ………………………… 56

　　　　任务拓展 ………………………… 61
　　　　项目实训 ………………………… 63
　任务3-2　基于OPEN VPN网络的
　　　　　　组建 ………………………… 65
　　　　任务描述 ………………………… 65
　　　　相关知识 ………………………… 65
　　　　任务操作 ………………………… 66
　　　　任务拓展 ………………………… 72
　　　　项目实训 ………………………… 72
　　　　思考练习 ………………………… 75

项目4　基于路由器的VPN网络的组建 … 78
　任务4-1　使用Cisco路由器构建
　　　　　　GRE VPN …………………… 79
　　　　任务描述 ………………………… 79
　　　　相关知识 ………………………… 79
　　　　任务操作 ………………………… 85
　　　　任务拓展——GRE keepalive …… 89
　　　　项目实训 ………………………… 90
　任务4-2　使用Cisco路由器构建
　　　　　　IPSec VPN ………………… 91
　　　　任务描述 ………………………… 91
　　　　相关知识 ………………………… 91
　　　　任务操作 ………………………… 94
　　　　任务拓展——测试NAT对IPSec VPN
　　　　　　　　　　的影响 …………… 97
　　　　项目实训 ………………………… 98
　任务4-3　使用Cisco路由器构建GRE over
　　　　　　IPSec VPN ………………… 99
　　　　任务描述 ………………………… 99
　　　　相关知识 ………………………… 100

任务操作 …………………… 101
　　任务拓展——Dynamic GRE
　　　　over IPSec …………… 107
　　项目实训 ……………………… 113
　任务4-4　使用Cisco路由器构建
　　　　SSL VPN ……………… 115
　　任务描述 ……………………… 115
　　相关知识 ……………………… 115
　　任务操作 ……………………… 117
　　任务拓展——配置隧道分离（Split
　　　　Tunneling）…………… 122
　　项目实训 ……………………… 125
　　思考练习 ……………………… 126

项目5　基于VPN设备的VPN网络的
　　　　组建 …………………… 129
　任务5-1　构建IPSec VPN ……… 130
　　任务描述 ……………………… 130
　　相关知识 ……………………… 131
　　任务操作 ……………………… 138
　　任务拓展——IPSec Dynamic LAN-
　　　　to-LAN VPN（DyVPN）… 147
　　项目实训 ……………………… 149
　任务5-2　构建SSL VPN ………… 150
　　任务描述 ……………………… 150
　　相关知识 ……………………… 151
　　任务操作 ……………………… 153

　　任务拓展——测试NAT对SSL VPN
　　　　的影响 ………………… 164
　　项目实训 ……………………… 165
　任务5-3　构建PPTP VPN ……… 167
　　任务操作 ……………………… 167
　　相关知识 ……………………… 167
　　任务操作 ……………………… 168
　　任务拓展——NAT对VPN的
　　　　影响 …………………… 175
　　项目实训 ……………………… 176
　任务5-4　构建L2TP VPN ……… 178
　　任务描述 ……………………… 178
　　相关知识 ……………………… 178
　　任务操作 ……………………… 178
　　任务拓展——NAT对L2TP VPN
　　　　的影响 ………………… 187
　　项目实训 ……………………… 188
　任务5-5　构建EzVPN …………… 189
　　任务描述 ……………………… 189
　　任务操作 ……………………… 191
　　任务拓展——测试NAT对EzVPN
　　　　的影响 ………………… 202
　　项目实训 ……………………… 204
　　思考练习 ……………………… 205

参考文献 ………………………………… 208

项目 1 初识VPN

知识目标
- VPN的概念
- VPN的工作原理和功能
- 实现VPN的加密技术
- 实现VPN的隧道协议
- VPN产品体系

技能目标
- 基于PGP软件的文件加解密

案例引入

公司的漫游用户需要访问公司内部网络，公司的分支机构需要访问总公司的内部网络，公司的合作伙伴或供应商与公司网络的通信。在这些情况下，要保证内部网的安全性和传输数据的保密性，需要部署VPN。

任务1-1　VPN的概念和功能

本次学习任务是能够理解什么是VPN，VPN的分类，VPN的部署体系，VPN的实现技术及VPN的工作原理。

1. 什么是VPN

VPN即虚拟专用网络（Virtual Private Network），其能够利用Internet或其他公共互联网络基础设施，提供与专用网络一样的功能和安全保障，即在公用网络上进行加密的VPN通信，犹如将用户的数据在一个临时的、安全的隧道中传输，但此过程对用户是透明的，也就是说用户在使用VPN时感觉如同在使用专用网络进行通信，VPN（虚拟专用网络）也因此得名，如图1-1所示。目前VPN技术在企业网络中有广泛应用，VPN是企业内部网络的扩展，使用VPN技术，可以帮助企业的远程用户、企业的分支机构、合作伙伴之间建立安全的网络连接，保证数据的安全传输。VPN具有成本低、易于使用的特点。

图1-1 VPN概念示意图

2．VPN 的分类

按照 VPN 的应用领域，VPN 技术可分为如下 3 类。

（1）远程接入 VPN（Access VPN）：企业的漫游用户与其局域网之间的安全连接，即客户端到网关之间，基于公网的安全传输，能够节省企业成本。

（2）内联网 VPN（Intranet VPN）：企业分支机构之间的安全连接，即网关到网关之间的安全连接，公司的各分支机构通过公司的网络架构连接来自同公司的资源，可以节省分支机构与企业总部之间的专线费用，对于国际性的连接，这种节省更明显。

（3）外联网 VPN（Extranet VPN）：企业与合作伙伴企业网构成 Extranet，将一个公司与另一个公司的资源进行安全连接。

3．VPN 体系

1）网络服务商提供的 VPN 服务

企业自身为了节约管理成本，使用网络服务商提供的 VPN 服务，帮助远程用户、公司分支机构、合作伙伴之间建立安全的连接，保证安全的数据传输。

2）企业自身进行 VPN 部署，分以下几种部署方式。

①部署 VPN 服务器：在大型局域网中，可以通过在网络中心搭建 VPN 服务器的方法实现 VPN。

②软件 VPN：可以通过专用的软件实现 VPN。

③集成 VPN：购买集成了 VPN 功能的硬件设备，如路由器、防火墙等，都含有 VPN 功能，企业可以基于这些硬件设备部署 VPN。

④硬件 VPN：可以通过专用的 VPN 硬件设备实现 VPN。

4．实现 VPN 的关键技术

1）数据加密技术

数据加密技术保证 VPN 能够实现数据的安全传输，VPN 的概念中提到的临时的、安全的隧道，其实质就是通过数据加密技术实现的安全性。

2）身份认证技术

数据通信的各方在网络中确认操作者身份而用到的解决方法即身份认证。VPN 技术在建立隧道时也需要数据通信的双方进行身份认证，身份认证技术是基于数据加密技术实现的。数据加密技术和身份认证技术将在学习任务 1-2 中进行详细讲解。

3）隧道技术

所谓隧道，实质上就是一种"封装"。隧道技术是 VPN 的底层支持技术，隧道是通过隧道协议实现的，隧道协议规定了隧道的建立、维护和删除的规则，以及如何将数据进行封装传输。隧道技术将在学习任务 1-3 中进行详细讲解。

4）密钥管理技术

密钥管理是指对密钥进行管理的行为，指从密钥的产生到密钥的销毁整个过程的管理，是实现 VPN 不可缺少的技术，主要表现于管理体制、管理协议和密钥的产生、分配、更换、保密等。

5．VPN 的工作原理

首先通信双方进行协商，建立隧道；然后对传输的数据进行加密，封装成 IP 包的形式在安全的隧道中进行传输，实现双方的安全通信。

任务1-2　实现VPN的加密技术

数据加密技术是实现 VPN 的基础，理解数据加密的基本术语，VPN 技术用到的两种加密体制、消息摘要算法、数字签名和数字证书。

1．密码学基本术语

明文，即原始的、未经加密的数据。明文经过加密算法对其进行加密操作，得到密文，密文是明文经过加密后的格式。加密算法的输入是明文和密钥，输出是密文。相反，解密算法的输入是密文和密钥，输出是明文，即密文经过解密算法对其进行解密操作，还原为原始的明文。

加密时输入的密钥称为加密密钥；解密时输入的密钥称为解密密钥。

在实际应用中，加密算法和解密算法往往是公开的，但密钥是保密的，密文不能被没有密钥的用户所理解。

综上所述，一个完整的加密体制包括 4 个基本的要素：明文、密文、算法和密钥。数据加解密的流程如图 1-2 所示。

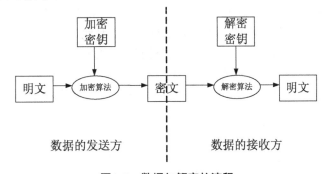

图1-2　数据加解密的流程

2. 两种加密体制

1）对称加密体制

在对称加密体制中，加密密钥和解密密钥相同，或加密密钥能够从解密密钥中推算出来，同时解密密钥也可以从加密密钥中推算出来。大部分对称加密算法中，加密密钥和解密密钥是相同的，所以对称加密算法也称为秘密密钥算法或单密钥算法。它要求发送方和接收方在数据传输之前，先协商好一个密钥，它的安全性依赖于密钥的安全性，如图1-3所示。

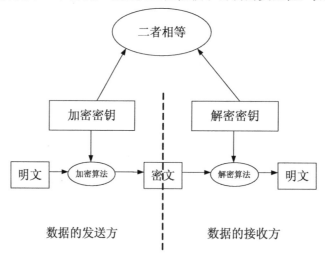

图1-3 对称加密体制

对称加密算法的特点是算法公开、计算量小、加密速度快、加密效率高。

对称加密算法的缺点是密钥管理困难。每对用户每次使用对称加密算法时，都需要使用双方协商的密钥，这会使得发、收信双方所拥有的密钥数量呈几何级数增长，密钥管理成为用户的负担。对称加密算法在分布式网络系统中使用较为困难，主要是因为密钥管理困难，使用成本较高。具有代表性的对称加密算法有DES、3DES、AES和IDEA等。美国国家标准局倡导的AES即将作为新标准取代DES。

2）非对称加密体制

非对称密钥密码体制，也称公开密钥加密体制，即加密密钥和解密密钥不同，是一种由已知加密密钥推出解密密钥在计算上不可行的密码体制。其中加密密钥是公开的，也称为公开密钥（公钥），解密密钥是私有的，也称为私有密钥（私钥）。

公钥和私钥的关系有两点非常重要，一是公钥和私钥总是成对出现，如果用公钥对数据进行加密，只有用对应的私钥才能解密；如果用私钥对数据进行加密，那么只有用对应的公钥才能解密。二是由私钥可以很容易地计算或推导出公钥，但是由公钥计算或推导私钥必须是计算上不可行的。

利用非对称加密体制进行加密和解密的流程如图1-4所示。

① 接收方生成一对密钥：公钥和私钥。
② 发送方获得接收方的公钥，并利用该公钥对数据进行加密。
③ 发送方将密文通过网络传输给接收方。
④ 接收方收到密文后，利用自己对应的私钥进行解密，得到原始明文。

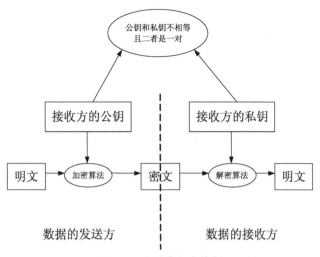

图1-4 非对称加密体制

由于私钥是接收方私有的,所以只有正确的接收方才可以解密该数据,从而起到了保护数据机密性的功能,这是非对称密码体制的一种重要功能:数据加密,用接收方公钥加密数据,用接收方私钥解密数据。

另一种情况,是用发送方私钥加密,用发送方公钥解密,这是非对称密码体制的另一种重要功能,数字签名和认证。数据的发送方用自己的私钥对数据进行加密,那么接收方用发送方与之对应的公钥才能进行解密,因为发送方的公钥是公开的,接收方可以通过各种方式获得,而发送方的私钥是私有的,因此,只要接收方用发送方的公钥能够解密其发送来的数据,那么就可以证明发送方的身份。

基于以上的阐述,要实现非对称加密,每个用户至少有一个密钥对(公钥和私钥),非对称加密体制的特点如下:

- 通信双方不需要事先共享通用的密钥,用于解密的私钥也不需要发往任何地方,公钥在传递与发布过程中即使被截获,由于没有与公钥相匹配的私钥,截获公钥也没有意义。
- 简化了密钥的管理,网络中有 N 个用户之间进行通信加密,仅需要使用 N 对密钥即可。
- 公钥加密的缺点在于加密算法复杂,加密和解密的速度相对来说比较慢。

典型非对称加密体制算法有:RSA 公钥算法和 ECC(Elliptic Curve Cryptography)加密密钥算法等。

RSA 体制是目前应用最为广泛的公钥加密算法。RSA 是 1977 年由三位数学家 Rivest、Shamir 和 Adleman 设计的一种算法,在 VPN 技术中也有应用,下面是 RSA 算法的数学基础描述。

(1)互质:如果两个正整数,除了 1 以外,没有其他公因子,我们就称这两个数是互质的。比如,20 和 31 没有公因子,所以它们是互质关系。这说明,不是质数也可以构成互质关系。

(2)欧拉函数:通常欧拉函数以 $\phi(n)$ 表示,任意给定正整数 n,其欧拉函数 $\phi(n)$ 表示小于等于 n 的正整数之中,与 n 构成互质关系的正整数的个数。例如,对于正整数 10,其欧拉函数 $\phi(n)$ 表示,在 1 到 10 之中,与 10 构成互质关系的数的个数,即 $\phi(n)=5$,因为在 1 到 10 之中,与 10 形成互质关系的是 1、3、5、7、9,共 5 个,所以 $\phi(n)=5$。

RSA 算法描述如下。
- 加密算法：$C = M^e \bmod n$
- 解密算法：$M = C^d \bmod n$
- 私钥=$\{d, n\}$
- 公钥=$\{e, n\}$

其中 C 代表密文，M 代表明文，公钥和私钥通过下面的过程产生。

① 选择 p 和 q。其中 p 和 q 都是素数，且 p 和 q 不相等。

② 计算 $n = pq$；

③ 计算 $\phi(n) = (p-1)(q-1)$；

④ 选择整数 e，使之满足 $\gcd(\phi(n), e) = 1$，$1 < e < \phi(n)$；其中 $\gcd(x, y)$ 表示整数 x 和 y 的最大公约数。

⑤ 计算 d，使之满足 $(d*e) \bmod \phi(n) = 1$。

⑥ 得到公钥 PU=$\{e, n\}$，私钥 PR=$\{d, n\}$。

数据的发送方使用接收方的公钥 PU=$\{e, n\}$ 加密，明文 $M < n$，由加密公式 $C = M^e \bmod n$ 得到密文，将密文通过网络传输给接收方；接收方收到密文后，用自己对应的私钥 PR=$\{d, n\}$，由解密公式 $M = C^d \bmod n$ 得到明文。

3. 消息摘要算法

1）消息摘要算法的概念

消息摘要算法是把任意长度的输入经过一系列运算之后产生的一个长度固定的伪随机输出的算法，它的运算过程类似于不需要密钥的加密过程，但经过消息摘要算法加密的数据无法被解密，只有输入相同的明文数据经过相同的消息摘要算法才能得到相同的密文。因此消息摘要算法适用于不需要通过解密操作还原出明文的情况，也可以用它来完成消息完整性的认证，即验证消息有没有被更改过。由于其加密计算的工作量相当可观，所以以前的这种算法通常只用于数据量有限的情况下的加密，例如，计算机的口令就是用不可逆加密算法加密的。

著名的摘要算法有 RSA 公司的 MD5 算法和 SHA-1 算法及其大量的变体。在 VPN 技术中，应用较多的是 MD5 算法。图 1-5 所示为 Windows 系统本地安全策略支持的消息摘要算法。

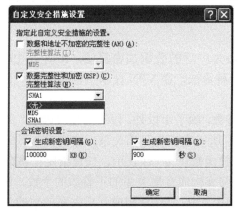

图1-5　Windows本地安全策略支持的消息摘要算法

2）消息摘要的特征

①不同长度的输入，计算出固定长度的消息摘要。例如，利用 MD5 算法得到的消息摘要是 128 位，利用 SHA-1 算法得到的摘要是 160 位，SHA-1 的变体可以产生 192 位和 256 位的消息摘要。一般认为，摘要的最终输出越长，该摘要算法就越安全。如图 1-6 所示为 SHA-1 算法得到的消息摘要示例，是用十六进制数表示的 160 位的摘要。

图1-6　消息摘要示例

②消息摘要是"伪随机的"。消息摘要并不是真正随机的，因为用相同的算法对相同的消息求两次摘要，其结果必然相同；而若是真正随机的，则无论如何都无法重现。因此消息摘要是"伪随机的"。

③一般的，不同的输入，对其进行摘要算法以后产生的消息摘要也必不相同；但相同的输入必会产生相同的输出。这正是消息摘要算法被用来验证消息完整性的特征。

④消息摘要函数是无陷门的单向函数。所谓无陷门的单向函数，被认为是该函数正向计算上是容易的,但其求逆计算在计算上是不可行的,即从其输出计算输入是非常困难的。例如，已知 x，很容易计算 $f(x)$。但已知 $f(x)$，却难于计算出 x。就好比燃烧一张纸要比使它从灰烬中再生容易得多；把盘子打碎成数千片碎片很容易，把所有这些碎片再拼成一个完整的盘子则很难。消息摘要就是利用这种无陷门的单向函数计算生成的，即只能进行正向的计算摘要，无法从摘要中恢复出任何原有的信息。除非采用强力攻击的方法，即尝试每一个可能的信息，计算其摘要，与已有摘要进行比较，比较相同则找到该摘要的原始信息，但实际上这是无效的。

⑤好的摘要算法，是无"碰撞"的，即无法找到两条消息，使它们的摘要相同。

3）消息摘要的用途

消息摘要最重要的用途，就是用于构造数字签名。数字签名正是基于公钥加密算法和消息摘要算法完成的，是保证信息的完整性和不可否认性的方法。

数字签名的基本原理如下：

发送方将消息按双方约定的单向散列算法计算得到一个固定位数的消息摘要，然后使用公钥加密对该消息摘要进行加密，这个被加密了的摘要作为发送者的数字签名。

接收方收到数字签名后,用同样的单向散列函数算法对消息计算摘要,然后与发送者的公开密钥进行解密的消息摘要相比较,如果相等,则说明消息确是来自发送者(验证),因为只有用发送者的签名,私钥加密的信息才能用发送者的公钥揭开,从而保证了数据的真实性。

发送方 A 和接收方 B 的通信过程如下:

① A 利用消息摘要算法产生文件的消息摘要。

② A 用其私钥对该摘要进行非对称算法的加密操作,这个加密后的摘要就是 A 对该文件的数字签名。

③ A 将文件和数字签名发送给 B。

④ B 收到后,对 A 发送的文件进行相同的消息摘要计算,得到一个新的摘要,同时用 A 的公钥对数字签名进行非对称算法的解密操作,得到 A 计算的消息摘要,与 B 自己计算的新摘要进行比较,如果二者匹配,签名是有效的。既验证了发送方 A 的身份,又验证了消息的完整性。

其中签名算法一般由公开密钥密码算法(RSA、ELGamal、DSA、ECDSA 等)和单向散列函数(MD5 或 SHA 等)构成。

数字签名的过程如图 1-7 所示。数字签名的验证过程如图 1-8 所示。

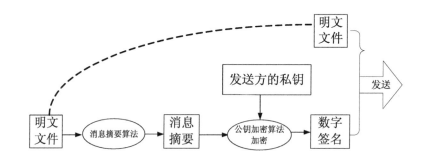

图1-7 数字签名的过程

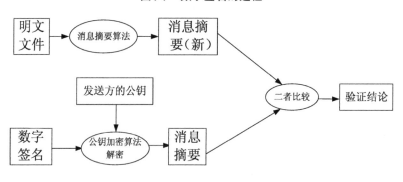

图1-8 数字签名的验证过程

在 VPN 技术中,应用较多的是 MD5 算法。

4．数字证书

数字证书是各类终端实体和最终用户在网络上的"身份证"，是各类实体在网上进行信息交流及商务活动的身份证明，是一段包含用户身份信息、用户公钥信息及身份验证机构数字签名的数据。

数字证书是由证书认证中心 CA 颁发的。证书认证中心 CA 是一家能向用户签发数字证书以确认用户身份的管理机构。

一个标准的 X.509 数字证书包含下列信息：

① 证书的版本信息。
② 证书的序列号，每个证书都有一个唯一的证书序列号。
③ 证书所使用的签名算法。
④ 证书的发行机构名称，命名规则一般采用 X.500 格式。
⑤ 证书的有效期，现在通用的证书一般采用 UTC 时间格式，它的计时范围为 1950～2049。
⑥ 证书所有人的名称，命名规则一般采用 X.500 格式。
⑦ 证书所有人的公开密钥。
⑧ 证书发行者对证书的签名。

在 Windows 系统中，要查看数字证书，可在浏览器的"Internet 选项"对话框的"内容"标签页单击"证书"按钮，如图 1-9 所示；证书按其目的分类有安全电子邮件、客户端验证等，如图 1-10 所示。

图1-9　查看证书

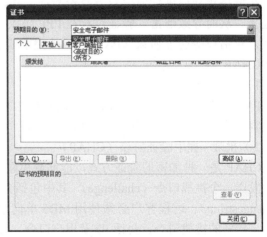

图1-10　证书分类

数字证书最重要的功能是身份认证，身份认证即确认实体就是自己所声明的实体，鉴别身份的真伪。如 A 与 B 双方的认证，首先 A 要验证 B 的证书的真伪，当 B 在网上将证书传送给 A 时，A 首先要用证书颁发机构 CA 的公钥验证证书上 CA 的数字签名，如签名有效，证明 B 持有的证书是真的；其次 A 还要验证 B 身份的真伪，B 可以将自己的口令用自己的私钥进行数字签名传送给 A，A 已经从 B 的证书中或从证书库中查得了 B 的公钥，A 就可以用 B 的公钥来验证 B 用自己独有的私钥进行的数字签名。如果该签名通过验证，B 的身份就能够得到确认。

任务1-3 实现VPN的隧道技术

隧道是利用一种协议传输另一种协议的技术,即用隧道协议来实现VPN功能。为创建隧道,隧道的客户机和服务器必须使用同样的隧道协议。理解第二层隧道协议:PPTP,L2F/L2TP;第三层隧道协议:IPSec,GRE;SSL协议。

1. PPP 协议

PPP协议即Point to Point Protocol(点对点协议),PPP(点到点协议)是OSI模式中的第二层(链路层)协议,其设计目的主要是用来通过拨号或专线方式建立点对点连接发送数据,使其成为各种主机、网桥和路由器之间简单连接的一种共通的解决方案。PPP除了IP以外还可以携带其他协议,包括DECnet和Novell的Internet网包交换(IPX)。第二层隧道协议PPTP、L2F/L2TP很大程度上依靠PPP协议的特性,因此首先要理解PPP协议。PPP拨号会话过程可以分成4个不同的阶段。

第一阶段:创建PPP链路

链路控制协议(LCP)负责创建、维护或终止PPP链路。在LCP阶段的初期,将对基本的通信方式进行选择,即PPP通信双方通过LCP交换配置信息,包括验证协议的选择、是否进行数据压缩和数据加密等。配置信息交换成功后,链路即创建成功。在链路建立的过程中,任何非链路控制协议的包都会被没有任何通告地丢弃。

第二阶段:链路认证

在链路建立后进行通信双方身份验证,其目的是为了防止攻击者未经授权的情况下成功连接,从而导致泄密。验证过程在PPP协议中为可选项。PPP方案只提供了有限的验证方式,包括口令验证协议(PAP),挑战握手验证协议(CHAP)和微软挑战握手验证协议(MSCHAP)。

1)口令验证协议(PAP)

PAP协议的用户名/口令以明文形式传输。因此这种验证方式的安全性较差,第三方可以很容易地获取被传送的用户名和口令。

2)挑战-握手验证协议(CHAP)

CHAP是一种加密的验证方式,能够避免建立连接时传送用户的真实密码。NAS向远程用户发送一个挑战口令(challenge),其中包括会话ID和一个任意生成的挑战字串(arbitrary challengestring)。远程客户必须使用MD5单向哈希算法(one-wayhashingalgorithm)返回用户名、加密的挑战口令、会话ID及用户口令,其中用户名以非哈希方式发送。

CHAP对PAP进行了改进,不再直接通过链路发送明文口令,而是使用挑战口令以哈希算法对口令进行加密。因为服务器端存有客户的明文口令,所以服务器可以重复客户端进行的操作,并将结果与用户返回的口令进行对照。CHAP为每一次验证任意生成一个挑战字串来防止受到再现攻击(replay attack)。在整个连接过程中,CHAP将不定时地向客户端重复发送挑战口令,从而避免第3方冒充远程客户(remoteclient impersonation)进行攻击。

第三阶段:调用网络层协议

PPP会话双方完成上述两个阶段的操作后,开始使用相应的网络层控制协议配置网络层的协议,如IP、IPX等。

第四阶段：链路终止

链路控制协议用交换链路终止包的方法终止链路。引起链路终止的原因很多：载波丢失、认证失败、链路质量失败、空闲周期定时器期满或管理员关闭链路等。

2．隧道协议 PPTP

PPTP 是一种支持多协议 VPN 的隧道协议，是第二层协议 PPP 的扩展。PPTP 通过控制链接来创建、维护和终止一条隧道，并使用通用路由封装 GRE（Generic Routing Encapsulation）对 PPP 帧进行封装。

1）PPTP 协议的封装过程

（1）PPP 帧的封装

初始 PPP 有效载荷经过加密、压缩或两者的混合处理后，添加 PPP 报头，封装形成 PPP 帧。PPP 帧进一步添加 GRE 报头，经过第二层封装形成 GRE 报文。

（2）GRE 报文的封装

PPP 有效载荷的第三层封装是在 GRE 报文外，再添加 IP 报头。IP 报头包含数据包源端及目的端 IP 地址。

（3）数据链路层封装

数据链路层封装是 IP 数据包多层封装的最后一层，依据不同的外发物理网络再添加相应的数据链路层报头和报尾。

PPTP 的封装如图 1-11 所示。

数据链路层报头	IP报头	GRE报头	PPP报头	加密PPP有效载荷	数据链路层报尾

图1-11　PPTP的封装

2）PPTP 数据包的接收处理

PPTP 客户机或 PPTP 服务器在接收到 PPTP 数据包后，将做如下处理：

① 处理并去除数据链路层报头和报尾。

② 处理并去除 IP 报头。

③ 处理并去除 GRE 和 PPP 报头。

④ 对 PPP 有效载荷即传输数据进行解密或解压缩。

⑤ 对传输数据进行接收或转发处理。

3）PPTP 协议的特性

① 使用 MPPC 微软点对点隧道协议。

② 使用 MPPE 协议。

③ 用户认证：PAP 口令认证协议/CHAP 挑战握手认证协议；EAP 可扩展认证协议；微软私有 MS-CHAP V1/V2 协议 。

④ 多协议支持：为 PPP 协议的扩展，能分装 IP、IPX 数据（HDLC 只能分装 IP，PPP 能分装 IP、IPX）。

3．隧道协议 L2TP

L2TP 协议也是基于第二层协议 PPP 进行的扩展，它结合了点对点隧道协议 PPTP 和第二层转发协议 L2F 协议的优点，基于 UDP 协议实现，协议的额外开销较少。其报文分为数据消息和控制消息两类。数据消息用于投递 PPP 帧，该帧作为 L2TP 报文的数据区。L2TP 不保证数据消息的可靠投递，若数据报文丢失，不予重传，不支持对数据消息的流量控制和拥塞控制。控制消息用以建立、维护和终止控制连接及会话，L2TP 确保其可靠投递，并支持对控制消息的流量控制和拥塞控制。

L2TP 可以提供包头压缩。当压缩包头时，系统开销（overhead）占用 4 字节，而 PPTP 协议下要占用 6 字节。

L2TP 可以提供隧道验证，而 PPTP 则不支持隧道验证。但是当 L2TP 或 PPTP 与 IPSec 共同使用时，可以由 IPSec 提供隧道验证，不需要在第二层协议上验证隧道。

L2TP 支持的协议有 IP 协议、IPX 协议和 NetBEUI 协议。

4．隧道协议 IPSec

"Internet 协议安全性（IPSec）"是一种开放标准的框架结构，通过使用加密的安全服务以确保在 Internet 协议（IP）网络上进行保密而安全的通信。

IPSec 通过三个要素进行安全保护：验证头 AH、封装安全载荷 ESP、互联网密钥管理协议 IKMP。

提供三种功能：加密、认证和完整性。IPSec 使用的加密算法包括：对称算法（DES、3DES、AES）和非对称算法（RSA）；消息摘要算法 MD5/SHA1，带密钥的消息摘要算法 HMAC、HMAC-MD5、HMAC-SHA1 等。

IPSec 不是一个单独的协议，而是一组协议，IPSec 协议的定义文件包括了 12 个 RFC 文件和几十个 Internet 草案，已经成为工业标准的网络安全协议。

1）最重要的三个协议

AH、ESP：这是真正对 IP 包进行处理的 IPSec 协议。

IKE：应用层协议，用于协商 SA（安全联盟），不用于处理 IP 包。

AH 只验证数据完整性,没有加密功能;ESP 既能实现数据加密又能实现数据完整性验证。

2）IPSec 运行模式

传输模式(Transport Mode)：保护的内容是 IP 包的载荷。可能是 TCP/UDP 等传输层协议，也可能是 ICMP 协议，还可能是 AH 或者 ESP 协议。为上层协议提供安全保护。通常情况下传输模式只用于两台主机之间的安全通信。

隧道模式(Tunnel Mode)：保护的内容是整个原始 IP 包,隧道模式为 IP 协议提供安全保护。只要 IPSec 双方有一方是安全网关或路由器，就必须使用隧道模式。

3）利用 IPSecVPN 通信的过程

①对路由器 A、B 进行配置。

②路由器 A、B 协商 IKE SA，该 SA 用于保护后续通信。

③路由器 A、B 在 IKE SA 的保护下，协商第二阶段 SA，即最终的 IPSec SA。

④主机 A、B 在 IPSec SA 的保护下，经过 IPSec 通道进行通信。

4) IPSec 隧道模式具有如下功能和局限
① 只能支持 IP 数据流。
② 工作在 IP 栈的底层，因此，应用程序和高层协议可以继承 IPSec 的行为。

5．隧道协议 SSL

SSL（安全套接层）协议是目前广泛应用于浏览器与服务器之间的身份认证和加密数据传输的安全协议。SSL 协议采用对称加密技术进行对传输数据加密，采用非对称加密技术进行身份认证和交换对称加密密钥。

SSL 协议在协议栈中的位置如图 1-12 所示。

SSL握手协议	SSL修改密文规约协议	SSL告警协议	HTTP
SSL记录协议			
TCP			
IP			

图1-12　SSL在协议栈中的位置

SSL 记录协议（SSL Record Protocol）建立在可靠的传输协议（如 TCP）之上，为高层协议提供数据封装、压缩、加密等基本功能的支持。SSL 记录协议接受传输层的应用报文，将数据分片成可管理的块，可选地压缩数据，应用 MAC，加密，增加首部，在 TCP 报文段中传输结果单元，被接受的数据被解密、验证、解压和重新装配，然后交给更上层应用。

SSL 记录协议加密流程如下。
① 分片：每个上层报文分成 16KB，或更小。
② 压缩：可选，前提是不能丢失信息，并且增加的内容长度不能超过 1024 字节，SSLv3 中缺省的压缩算法为空。
③ 增加 MAC 码：需要共享密钥。
④ 加密：使用同步加密算法对压缩报文和 MAC 码进行加密。可选的加密算法（P210）。
⑤ 增加 SSL 首部（内容类型 8b，主要版本 8b，次要版本 8b，压缩长度 16b。）

SSL 握手协议建立在 SSL 记录协议之上，用于在实际的数据传输开始前，通信双方进行身份认证、协商加密算法、交换加密密钥等。SSL 握手协议分为 4 个阶段。

阶段 1：建立安全功能，包括协议版本、会话 ID、密文族、压缩方法和初始随机数。
阶段 2：服务器认证和密钥交换。
阶段 3：客户认证和密钥交换

SSL 客户端只需在浏览器的 Internet 选项中进行设置，即可以支持 SSL 协议，如图 1-13 所示。

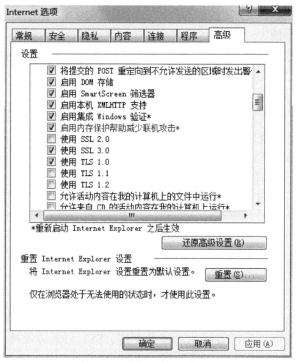

图1-13　SSL客户端设置

SSL VPN即指采用SSL协议来实现远程接入的一种新型VPN技术。它包括：服务器认证、客户认证（可选）、SSL链路上的数据完整性和SSL链路上的数据保密性。对于内、外部应用来说，使用SSL可保证信息的真实性、完整性和保密性。正因为SSL协议被内置于IE等浏览器中，使用SSL协议进行认证和数据加密的SSL VPN就可以免于安装客户端。相对于传统的IPSec VPN而言，SSL VPN具有部署简单、无客户端、维护成本低、网络适应强等特点。

一般而言，SSL VPN必须满足最基本的两个要求：

（1）使用SSL协议进行认证和加密；没有采用SSL协议的VPN产品自然不能称为SSL VPN，其安全性也需要进一步考证。

（2）直接使用浏览器完成操作，无须安装独立的客户端。

 思考练习

一、填空题

1. 根据VPN的用途，可将它分为＿＿＿＿＿＿，＿＿＿＿＿＿，＿＿＿＿＿＿三种应用类型。

2. 消息的原始形式称为＿＿＿＿＿＿，已加密的形式称为＿＿＿＿＿＿。这个变换处理过程称为＿＿＿＿＿＿过程，它的逆过程称为＿＿＿＿＿＿过程。

3. VPN的实现技术包括＿＿＿＿＿＿，＿＿＿＿＿＿，＿＿＿＿＿＿，＿＿＿＿＿＿。

4. SSL协议工作于网络的＿＿＿＿＿＿层，是由＿＿＿＿＿＿、＿＿＿＿＿＿

两个子协议构成的。

5. 对称密码体制的代表算法有 _____、_____；非对称（公钥）密码体制的最常用的算法是 _____、_____。

二、单项选择题

1. 严格的口令策略应当包含哪些要素（　　）？
   A．同时包含数字、字母和特殊字符　　B．系统强制要求定期更改口令
   C．用户可以设置空口令　　　　　　　D．满足一定的长度，比如8位以上

2. 以下关于非对称密钥加密说法正确的是（　　）
   A．加密方和解密方使用的是不同的算法　B．加密密钥和解密密钥是不同的
   C．加密密钥和解密密钥是相同的　　　　D．加密密钥和解密密钥没有任何关系

3. 实现数字签名，发送方使用（　　）进行数字签名。
   A．签名人的私钥　　　　　　　　　　B．签名人的公钥
   C．接收人的私钥　　　　　　　　　　D．接收人的公钥

4. 以下关于对称密钥加密说法正确的是（　　）
   A．加密方和解密方使用的是不同的算法　B．加密密钥和解密密钥是不同的
   C．加密密钥和解密密钥是相同的　　　　D．加密密钥和解密密钥没有任何关系

5. MD5算法得出的摘要大小是（　　）。
   A．128位　　　B．160位　　　C．128字节　　　D．160字节

6. SHA-1算法得出的摘要大小是（　　）
   A．128位　　　B．160位　　　C．128字节　　　D．160字节

7. PPTP、L2TP和L2F隧道协议属于（　　）协议。
   A．第一层隧道　B．第二层隧道　C．第三层隧道　D．第四层隧道

8. VPN技术的实现过程综合应用了多项技术，其中不包括（　　）
   A．隧道技术　　B．加密技术　　C．身份认证技术　D．访问控制技术

9. IPSec隧道协议属于（　　）协议。
   A．第一层隧道　B．第二层隧道　C．第三层隧道　D．第四层隧道

三、问答题

1. 哪些情况不适用VPN技术？
2. IPSec VPN和SSL VPN进行比较。
3. 常用的消息摘要算法有哪些？
4. 两种加密体制各自的优缺点有哪些？

项目 2 基于Windows的VPN网络的组建

知识目标

- VMware的基本概念和基本操作
- 实验环境的搭建
- Windows PPTP VPN服务的配置
- Windows Forefront TMG 2010 VPN服务的配置

技能目标

- Windows PPTP VPN服务器的构建
- Forefront TMG 2010 VPN服务器的构建

案例引入

公司的业务遍及全国，员工需要到全国各地出差，在出差的过程中经常需要访问公司内部网络。但内部网络资源只针对内部网络用户使用。为此，公司需要搭建VPN服务器，满足内部员工访问公司内部网络。

根据案例进行分析，可引入如下两个学习任务。

任务 2-1：员工在外地接入VPN，连接公司内部网络，访问总公司内网服务器。可通过PPTP的方式来实现VPN的连接。公司VPN服务器采用Windows 2012系统，员工的计算机均使用Windows 7系统。

任务 2-2：员工在外地访问总公司的内部网络。可在Windows 2012系统中安装Forefront TMG 2010，通过Forefront的方式来实现VPN的连接。员工的计算机的使用Windows 7系统。

任务2-1 Windows系统中基于PPTP VPN网络的组建

 任务描述

公司内部网络建立一台VPN服务器，VPN服务器有eth1和eth2两个网络接口。其中eth1用于连接内网，IP地址为192.168.1.1；eth2用于连接外网，IP地址为202.96.128.1。VPN客户端通过Internet网络与VPN服务器连接后，可访问局域网内部的服务器。建立VPN连接后，分配给VPN服务器的IP地址为192.168.2.0这个网段，分配给VPN客户端的IP地址池为192.168.2.100～192.168.2.199。客户端可以以用户名vpnuser、密码123456和

VPN 服务器建立连接，建立连接后获得的 IP 地址为 192.168.2.0 这个网段中地址池中的任何一个地址。PPTP VPN 网络拓扑图如图 2-1 所示。

图2-1　PPTP VPN网络拓扑图

相关知识

1. VMware 简介

VMware Workstation（中文名"威睿工作站"）是一款功能强大的桌面虚拟计算机软件，可在单一的桌面上同时运行不同的操作系统，为进行开发测试、部署新的应用程序等提供解决方案。VMware Workstation 可在一部实体机器上模拟完整的网络环境，其灵活性与先进的技术胜过了市面上其他的虚拟计算机软件。对于企业的 IT 开发人员和系统管理员而言，VMware 在虚拟网路、实时快照、拖曳共享文件夹、支持 PXE 等方面的特点使它成为必不可少的工具。本文利用 VMware Workstation 的这种特性，搭建网络实验环境。

2. VMware 基本操作

（1）根据图 2-1，可以用 Windows 2003 做内网服务器，Windows 2012 做 VPN 服务器，Windows 2008 做 VPN 客户机，搭建环境如图 2-2 所示。

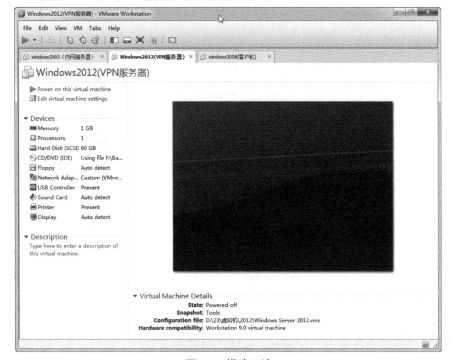

图2-2　搭建环境

（2）VPN 服务器需要双网卡，将内网网卡设置为 VMnet2，外网网卡设置为 VMnet3，如图 2-3 所示。

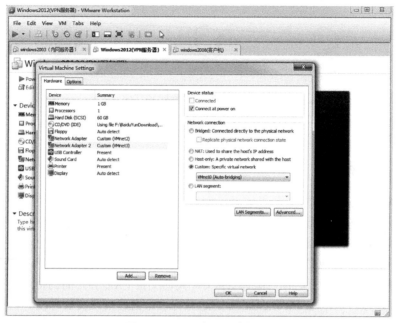

图2-3　VPN服务器网卡设置

（3）内网服务器的网卡设置为 VMnet2，与 VPN 服务器内网网卡在同一个网络中，如图 2-4 所示。

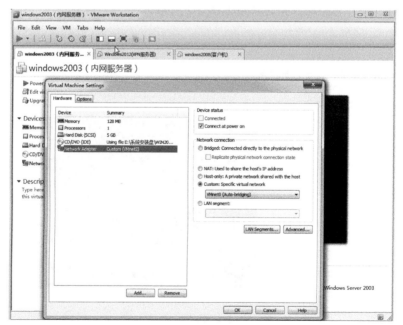

图2-4　内网服务器的网卡设置

（4）客户机的网卡设置为 VMnet3，与 VPN 服务器外网网卡在同一个网络中，如图 2-5 所示。

图2-5 客户机的网卡设置

 任务操作

1. 网络基本配置

（1）要配置好 Windows 2012 VPN 服务器，网络的基本配置很重要，主要体现在网卡的 IP 地址、子网掩码、默认网关 DNS 服务器地址等信息。

（2）内网服务器网关是 VPN 服务器的内网网卡 IP，如图 2-6 所示。

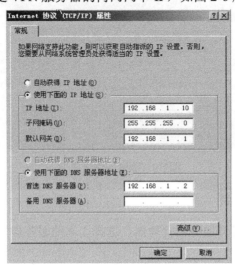

图2-6 内网服务器IP信息

（3）VPN 服务器的内网网卡 eth1 和外网网卡 eth2 的网络信息如图 2-7、图 2-8 所示。

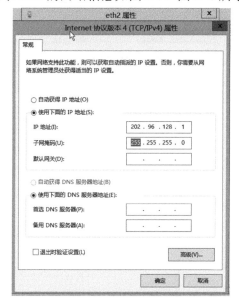

图2-7　eth1的网络信息　　　　　　　图2-8　eth2的网络信息

（4）客户机的网络的 IP 地址为 202.96.128.10，掩码为 24 位，网关为 202.96.128.1。

（5）测试网络的连通性，在 VPN 服务器里 ping 内网服务器和客户机，若结果如图 2-9 所示，则表示网络环境配置完成。若没有 Ping 通，检测防火墙是否关闭。

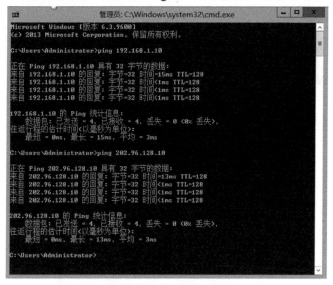

图2-9　测试网络连通性

2．VPN 服务器软件安装

（1）在桌面的任务栏打开服务器管理器，选择"本地服务器"，然后单击"管理"按钮，如图 2-10 所示。

（2）选择"添加角色和功能"，进入"添加角色和功能向导"界面，如图 2-11 所示。

项目2 基于Windows的VPN网络的组建

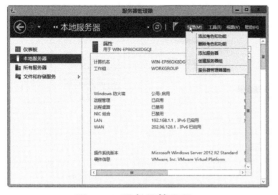

图2-10 服务器管理器

图2-11 添加角色和功能向导

(3)单击"下一步"按钮,选择基于角色或基于功能的安装,如图2-12所示。
(4)单击"下一步"按钮,选择服务器,如图2-13所示。

图2-12 选择安装类型

图2-13 选择服务器

(5)单击"下一步"按钮,选择服务器角色,由于在此我们只做VPN,因此只选择远程访问,如图2-14所示。
(6)进入功能选择界面,单击"下一步"按钮,如图2-15所示。

如图2-14 选择服务器角色

图2-15 远程访问

(7)单击"下一步"按钮,弹出"添加角色和功能向导"对话框,单击"添加功能"按钮,如图2-16所示。
(8)选择"添加功能"之后,如图2-17所示,选择相应的服务。

21

图2-16 选择"添加功能"

图2-17 选择相应的服务

(9)单击"下一步"按钮,进入"Web 服务器角色",如图 2-18 所示。

(10)单击"下一步"按钮,进入"Web 服务器角色服务",如图 2-19 所示。

图2-18 Web服务器角色(IIS)

图2-19 Web服务器角色服务

(11)单击"下一步"按钮,如图 2-20 所示,单击"安装"按钮。

(12)角色安装完成,如图 2-21 所示。

图2-20 安装功能角色

图2-21 安装完成

3. VPN 服务器配置

(1)打开"路由远程访问"窗口,配置并启用路由和远程访问,如图 2-22 所示。

(2)在本服务器上单击鼠标右键,选择配置并启用路由和远程访问,弹出"路由和远程访问服务器安装向导"界面,如图 2-23 所示。

图2-22 路由远程访问

图2-23 "路由和远程访问服务器安装向导"界面

(3) 单击"下一步"按钮,选择服务配置类型,如图 2-24 所示。
(4) 单击"下一步"按钮,选择外网网卡,如图 2-25 所示。

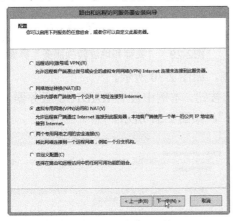
图2-24 选择服务配置类型

图2-25 选择外网网卡

(5) 单击"下一步"按钮,对远程客户分配 IP 地址,可以选自动或指定范围,这里选择指定范围,如图 2-26 所示。
(6) 单击"下一步"按钮,手工指定 IP 范围,如图 2-27 所示。

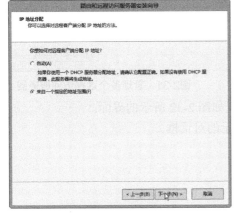
图2-26 分配IP

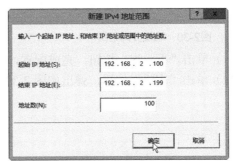
图2-27 指定IP范围

（7）单击"确定"按钮，会出现刚刚所配置的 IP 范围，如图 2-28 所示。

（8）单击"下一步"按钮，由于笔者还没有配置 DNS 和 DHCP，案例中也没有要求安装域策略，因此笔者选择"启用基本的名称和地址服务"，如图 2-29 所示。

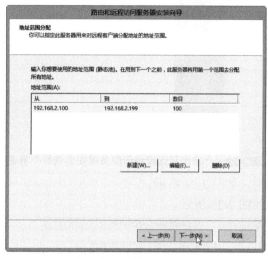

图2-28 地址范围分配

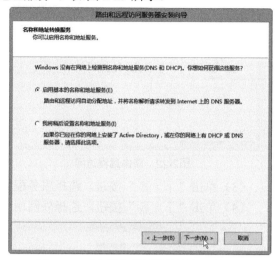

图2-29 "名称和地址转换服务"界面

（9）单击"下一步"按钮，查看地址分配范围，如图 2-30 所示。

（10）单击"下一步"按钮，选择"否"单选按钮，本例中没有 RADIUS 服务器，通过"路由和远程访问"实现本地认证，因此选择"否"，如图 2-31 所示。

图2-30 地址分配范围

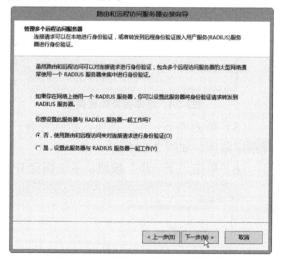

图2-31 管理多个远程访问服务器

（11）单击"下一步"按钮，完成配置，出现如图 2-32 所示的界面。

（12）单击"完成"按钮，弹出如图 2-33 所示的对话框。

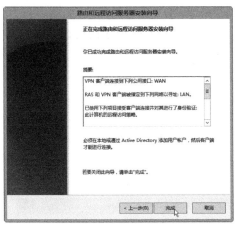
图2-32 完成配置

图2-33 "路由和远程访问"对话框

（13）单击"确定"按钮，出现如图2-34所示的界面，表示已配置完成。

图2-34 完成配置

4. 创建VPN用户

（1）打开"计算机管理"窗口，如图2-35所示。

（2）展开本地用户和组，选择"用户"，单击鼠标右键，选择"新用户"命令，如图2-36所示。

图2-35 "计算机管理"窗口

图2-36 新建用户

（3）在"新用户"对话框中，按要求添加相应的空格，单击"创建"按钮，如图2-37所示。

（4）由于密码输入的是123456，是简单密码，会弹出如图2-38所示的对话框。

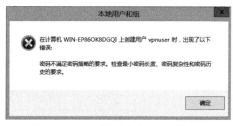

图2-37　创建新用户　　　　　　　图2-38　"本地用户和组"对话框

（5）打开"本地安全策略"窗口，选择"账户策略"中的"密码策略"，如图2-39所示。

（6）在"密码必须符合复杂性要求"上单击鼠标右键，选择"属性"命令；在打开的属性对话框中，选择"已禁用"单选按钮，然后单击"应用"按钮，如图2-40所示。

图2-39　本地安全策略　　　　　　　图2-40　修改密码复杂度

（7）想要刚才所修改的密码策略生效，就得刷新策略，命令为 gpupdate /force，如图2-41所示。

（8）重新创建用户，密码是123456，此时不会出现"密码简单提示"。

（9）在新建的新用户上单击鼠标右键，选择"属性"命令，如图2-42所示。

图2-41 刷新密码策略

图2-42 选择"属性"命令

（10）在属性对话框中选择"拨入"选项卡，由于这里只是做简单的VPN访问，没有用到访问策略，因此在此选择"允许访问"单选按钮，如图2-43所示。

图2-43 网络访问权限

（11）单击"应用"按钮，VPN服务器配置完成。

5．VPN客户机配置

（1）设置连接，打开网络和共享中心，选择"设置连接或网络"选项，再选择"连接到工作区"，如图2-44所示。

（2）单击"下一步"按钮，选择"使用我的Internet连接"，如图2-45所示。

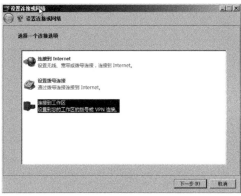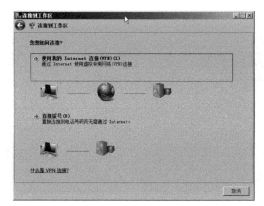

图2-44　设置连接或网络　　　　　　　　图2-45　选择连接方式

（3）然后选择"我将稍后设置 Internet 连接"，如图 2-46 所示。

（4）然后设置连接到工作区的公网 IP，如图 2-47 所示。

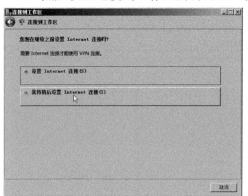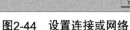

图2-46　选择"我将稍后设置Internet连接"　　　图2-47　设置连接到工作区的公网IP

（5）单击"下一步"按钮，输入用户名和密码，如图 2-48 所示。

（6）打开网络和共享中心，单击"更改适配器设置"项，如图 2-49 所示。

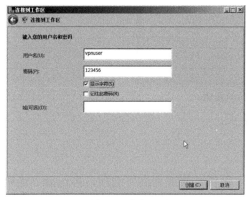

图2-48　输入用户名和密码　　　　　　　图2-49　管理网络连接

（7）打开 VPN 连接，输入用户名和密码，由于 VPN 客户机和 VPN 服务器都是默认以 PPTP 协议连接的，因此设置如图 2-50 所示。

（8）VPN 连接成功，查看 VPN 连接状态信息，如图 2-51 所示。

图2-50　VPN连接

图2-51　查看VPN连接状态信息

任务拓展——基于L2TP协议访问

按照上述案例，在基于用 PPTP 协议连接成功的前提下，把 PPTP 协议连接改为 L2TP 协议的 VPN 连接。打开路由远程访问，在本地服务器上单击鼠标右键，单击"属性"按钮，选择"安全"选项卡，勾选"允许 L2TP/IKEv2 连接使用自定义 IPSec 策略"复选框，设置预共享的密钥，在此设为 123456，如图 2-52 所示。

单击"应用"按钮，会提示重启路由远程访问服务。

在客户机上，在 VPN 连接上单击鼠标右键，单击"属性"按钮，在属性中选中网络的选项，VPN 类型选择 L2TP IPSec VPN，如图 2-53 所示。

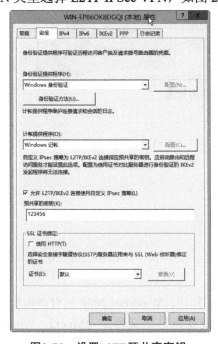

图2-52　设置L2TP预共享密钥

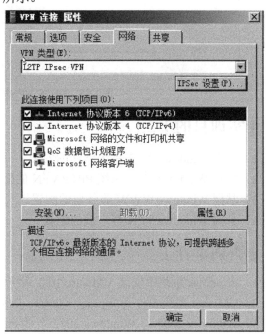

图 2-53　选择各选项

单击 IPSec，使用预共享的密钥作身份验证，由于在此笔者没有做证书服务，因此只选择了使用预共享密码，密码要和 VPN 服务器的预共享密码一致，如图 2-54 所示。

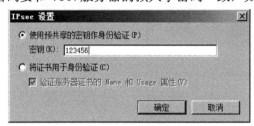

图 2-54　IPSec 设置

最后单击"确定"按钮，单击连接。

项目实训

[实训内容]

通过 VMware 虚拟机系统搭建网络实验平台，包括 Windows Server 2003 系统一台（以下简称 Windows 2003）、Windows Server 2012 一台（简称 Windows 2012）和 Windows Server 2008 一台（简称 Windows 2008）。其中 Windows 2012 系统用作 VPN 服务器，有两个网卡，分别为 eth1 和 eth2，eth1 用于连接内网，IP 地址为 172.16.1.1/24；eth2 用于连接外网，IP地址为 219.222.80.1/24。Windows 2003 用作公司内网 WWW 服务器，IP 地址为 172.16.1.2。Windows 2008 用作外网的 VPN 客户机，IP 地址为 219.222.80.2/24。要求远程的公司用户能够访问公司内网 WWW 服务器。PPTP VPN 网络实验拓扑图如图 2-55 所示。

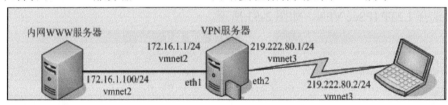

图2-55　PPTP VPN网络实验拓扑图

[实训目的]

（1）掌握 Windows 2012 系统软件的安装。
（2）掌握 Windows 2012 系统 PPTP VPN 的配置。
（3）掌握 Windows WWW 服务器的配置。
（4）掌握 Winodws VPN 客户机的配置。

[实训条件]

（1）Windows 系统中安装 VMware 10.0 系统。
（2）VMware 系统中打开 Windows 2003、Windows 2012、Windows 2008 三台虚拟机。
（3）Windows 2003 与 Windows 2012 中的 eth1 均设置为自定义网络 VMnet2，Windows 2012 中的 eth2 和 Windows 2008 均设置为自定义网络 VMnet3。

[实训步骤]

1．实验环境的搭建

在 Windows 2012 中添加一块网卡，启动 Windows 2003、Windows 2012、Windows 2008 三台虚拟机，设置每个网卡的自定义网络，Windows 2003（VMnet2）、Windows 2012（内网卡：VMnet2；外网卡：VMnet3）和 Windows 2008（VMnet3）。

2．系统的基本网络配置

三台虚拟机网卡 IP 地址的设置，分别为 Windows 2003（172.16.1.100）、Windows 2012（172.16.1.1/219.222.80.1）和 Windows 2008（219.222.80.2）。在 Windows 2012 中使用 Ping 命令检测 VMnet2 和 VMnet3 两个网络的连通性。

3．VPN 服务器软件安装

检查 Windows 2012 系统是否具备 PPTP VPN 的搭建环境，只有满足相应的条件才能继续进行 VPN 服务器的配置工作。检查 VPN 服务器的路由远程访问功能是否安装，没有安装则安装相应的软件包，软件包安装版本需要与系统版本相匹配，可从网上下载或系统安装光盘中找到。

4．VPN 服务器配置

启用路由远程访问，配置 VPN 服务，创建 VPN 用户，修改拨入权限。

5．WWW 服务器配置

在 Windows 2003 系统中添加 Web 服务器（IIS）角色，打开 IIS 工具，建立 WWW 网站，在本机测试网站是否创建成功。

6．VPN 客户机配置

设置好客户机的 IP 地址及子网掩码等信息，建立 VPN 客户端连接，打开连接输入 VPN 用户名和密码进行连接。成功连接后，能够访问公司内网 WWW 服务器。

任务2-2　基于Forefront TMG2010 VPN网络的组建

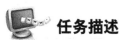

任务描述

公司内部网络建立一台 VPN 服务器，VPN 服务器有 eth1 和 eth2 两个网络接口。其中 eth1 用于连接内网，IP 地址为 192.168.1.1；eth2 用于连接外网，IP 地址为 202.96.128.1。VPN 客户端通过 Internet 网络与 VPN 服务器连接后，可访问局域网内部的服务器。VPN 服务器通过 Forefront TMG 2010 建立 VPN 连接后，分配给 VPN 服务器的 IP 地址为 192.168.2.0 这个网段，分配给 VPN 客户端的 IP 地址池为 192.168.2.100～192.168.2.250。客户端可以以用户名 vpnuser、密码 123456 和 VPN 服务器建立连接，建立连接后获得的 IP 地址为

192.168.2.0 这个网段。Forefront TMG 2010 VPN 网络拓扑图如图 2-56 所示。

图2-56　Forefront TMG 2010 VPN网络拓扑图

相关知识

1. Forefront TMG 2010 简介

Forefront TMG 是新一代的 Forefront 产品系列 Stirling 的重要组成部分，完整的 Stirling 套件包括 Forefront Protection Manager、Forefront Endpoint Protection 2010、Forefront Protection 2010 for Exchange/Sharepoint 和 Forefront TMG，并且可以融合其他安全产品或技术，如 NAP 第三方技术或产品等。在 Forefront Stirling 产品系列中，其中一个最为重大的新特性就是基于 Forefront Stirling 的 Security Assessment Sharing（SAS）功能，可以在全系列的 Forefront Stirling 产品中进行安全评估信息的共享。SAS 相当于在 Stirling 各个组件之间构建了一个信息共享的通道，在这个通道中，所有组件共享彼此的安全评估信息，例如，某个计算机是否中病毒，某个用户访问是否是恶意访问，并且基于这个安全评估信息，执行特定的操作。这样带来的好处就是 Stirling 所有组件之间都是协同工作的，具有安全联动响应的特性。例如，Forefront Endpoint Protection 发现计算机中毒了，那么这个安全评估信息就直接通过 SAS 发送给 TMG 和 Protection for Exchange，TMG 就可以直接拒绝来自该计算机的访问，而 Protection for Exchange 就可以扫描该计算机上当前登录用户的邮箱等。

另外，在 Forefront TMG 中，除了一贯地提供对活动目录的支持外，TMG 已经能够完美地和 NAP 进行集成，实现完善的 VPN 隔离与控制。

借助 Forefront Threat Management Gateway 2010，员工可以安全高效地使用 Internet，而不必担心恶意软件和其他威胁。该软件提供多种保护功能（包括 URL 筛选、反恶意软件检查、入侵防御应用层和网络层防火墙，以及 HTTP/HTTPS 检查），这些功能均集成到一个统一 易于管理的网关中，从而降低 Web 安全的成本和复杂程度。

2. Forefront TMG 2010 安装要求

硬件最低要求、软件最低要求如表 2-1、表 2-2 所示。

表2-1　硬件最低要求

CPU	64位 1.86GHz 2内核（1CPU x 双核）处理器
内存	2GB 1GHz RAM
硬盘	2.5GB 可用空间
网络适配器	最少两块网卡，1块接内网，1块接外网

项目2 基于Windows的VPN网络的组建

表2-2 软件最低要求

操作系统	Windows Server 2008 x64 版本：SP2或R2 版本：Standard Enterprise 或 Datacenter
Windows 角色和功能	这些角色和功能由 Forefront TMG 准备工具安装： 网络策略服务器 路由和远程访问服务 Active Directory 轻型目录服务工具 网络负载平衡工具 Windows PowerShell

注意：卸载 Forefront TMG 时，不会卸载在安装 Forefront TMG 时所安装的Windows 角色和功能。如有必要，可在服务器上卸载 Forefront TMG 之后手动卸载这些内容。

其他软件Microsoft .NET Framework 3.5 SP1；

Windows Web 服务 API；

Windows Update；

Microsoft Windows Installer 4.5。

 任务操作

1．网络环境的搭建

（1）按照任务的描述，此次实验用 Windows 2003 做内网服务器，Windows 2008 做 VPN 服务器，Windows 2007 做客户机。

（2）Windows 2003 的网卡设置如图 2-57 所示。

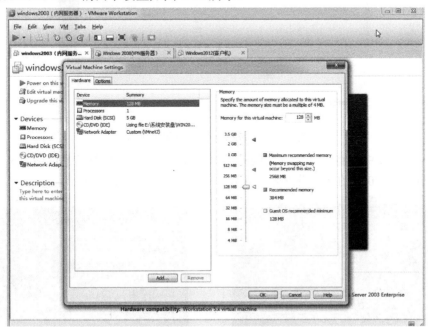

图2-57 Windows 2003的网卡设置

内网服务器网关是 VPN 服务器的内网网卡 IP，因此笔者设置为 192.168.1.10/24，如图 2-58 所示。

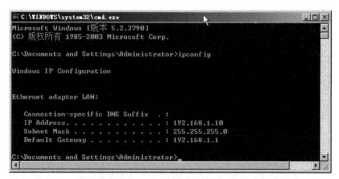

图2-58　Windows 2003的网络信息

（3）Windows 2008 的网卡设置如图 2-59 所示。

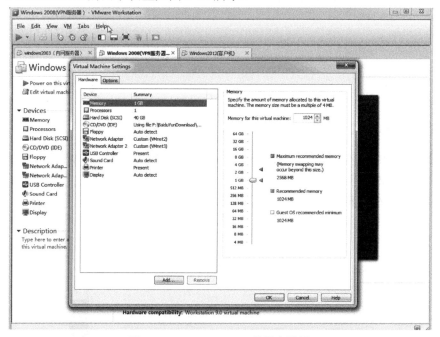

图2-59　Windows 2008的网卡设置

在 VPN 服务器中，将 eth1 做内网网卡，eth2 做外网网卡，网络信息如图 2-60 所示。

（4）Windows 2007 的网卡设置为 VMnet3，网络信息如图 2-61 所示。

图2-60　Windows 2008网络信息

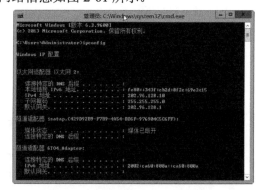

图2-61　Windows 2007网络信息

2．VPN 服务器的配置

Forefront TMG 2010 安装过程如下。

(1) 找到安装包，安装 Forefront Threat Management Gateway，双击，进入安装向导，如图 2-62 所示。

(2) 单击 Next 按钮，选项安装目录，笔者默认装在 C 盘根目录下，如图 2-63 所示。

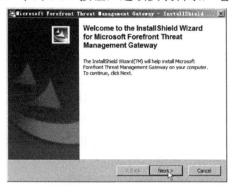
图2-62　安装向导

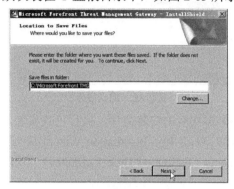
图2-63　选择安装目录

(3) 单击 Next 按钮，直到完全安装，出现如图 2-64 所示的界面。

(4) 运行准备工具，单击 Run Praparation Tool 项，进入如图 2-65 所示窗口。

图 2-64　安装向导界面

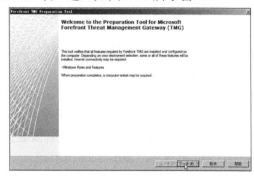
图2-65　运行准备工具

(5) 选择安装类型，如图 2-66 所示。

(6) 准备就绪，单击"完成"按钮，如图 2-67 所示。

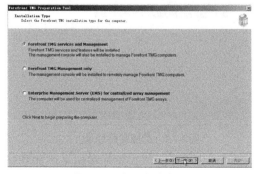
图2-66　选择安装类型

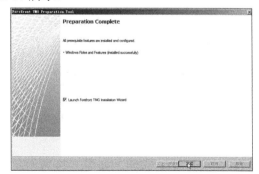
图2-67　准备就绪

(7) 重启电脑，不然运行安装向导时，会出现如图 2-68 所示的错误提示。

（8）重启后，找到刚才所安装的 Forefront，如图 2-69 所示。

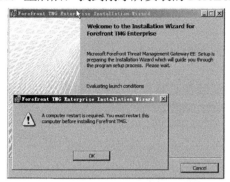

图2-68　错误提示　　　　　　　图2-69　找到刚才所安装的Forefront

（9）再次双击安装文件，执行正式安装，打开安装主界面，如图 2-70 所示。

（10）单击 Run Installation Wizard 选项，进入安装向导欢迎界面，依次完成 Core components（Estimated Time:5 minutes）等组件的安装，如图 2-71 所示。

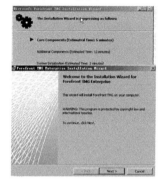

图2-70　运行安装向导　　　　　　图2-71　进入安装向导

（11）一直单击 Next 按钮，直至选择安装类型对话框，这里选择 Forefront TMG services and Management 单选项，如图 2-72 所示。

（12）单击 Next 按钮，选择安装目录，如图 2-73 所示。

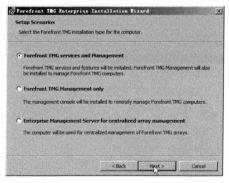
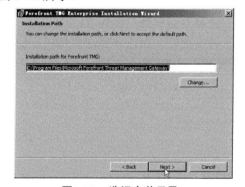

图2-72　选择安装类型　　　　　　图2-73　选择安装目录

（13）单击 Next 按钮，如图 2-74 所示，在内部网络定义页，单击添加按钮来添加默认的内部网络地址范围。在 TMG 中，默认的内部网络定义为 TMG 必须进行通信的可信任网络，TMG 的系统策略会自动允许 TMG 和默认内部网络之间的部分通信。

（14）在弹出的地址对话框中，可以通过网络适配器自动添加地址范围、手动添加地址范围或添加私有 IP 地址范围，如图 2-75 所示，建议通过网络适配器添加。

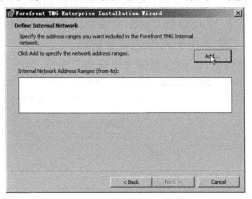

图2-74　单击Next按钮

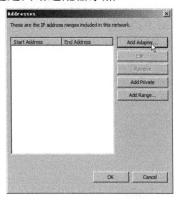

图2-75　添加地址范围

（15）在弹出的选择网络适配器对话框，选择对应的内部网络接口，然后单击 OK 按钮，如图 2-76 所示。

（16）一直单击 Next 按钮，直到服务警告页，将提醒有部分服务将会在 TMG 安装过程中重启或禁用，如图 2-77 所示。

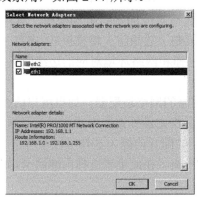

图2-76　选择内部网卡

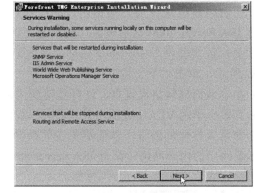

图 2-77　服务警告

（17）单击 Next 按钮，出现准备安装页，单击 Install 按钮，如图 2-78 所示。

（18）当安装完成时，弹出如图 2-79 所示的对话框。

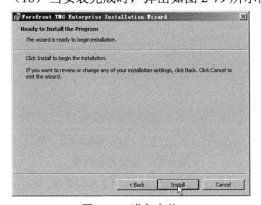

图 2-78　准备安装

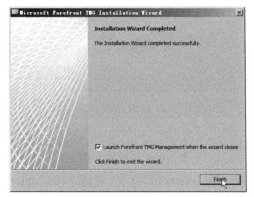

图2-79　安装完成

3．Forefront TMG 2010 配置

（1）默认情况下，当第一次运行 TMG 管理控制台时，TMG 会调用初始配置向导帮助用户进行 TMG 的配置，如图 2-80 所示。初始配置向导把 TMG 安装后需要做的初始操作集成在一起，从而便于用户进行 TMG 的配置。首先单击配置网络设置链接。

（2）选择配置网络设置，在欢迎使用网络设置向导页，单击"下一步"按钮，如图 2-81 所示。

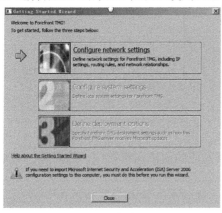

图 2-80　入门向导　　　　　　　　　图 2-81　网络向导

（3）在网络模板选择页，根据用户的企业环境选择对应的网络架构模板，具体可以参考《使用 ISA Server 2006 网络模板来自动建立访问策略：边缘防火墙模板》（出自《计算机网络管理员认证实验指导中任务十三》）；在此笔者选择和网络环境对应的边缘防火墙模板，如图 2-82 所示，单击"下一步"按钮。

（4）在本地局域网络设置页，选择连接到内部网络的网络适配器。如果用户的企业内部网络中具有多个子网 VLAN 或路由关系，则可以在下面指定额外路由中添加对应子网的路由。这是一个非常人性化的改进，从而避免在复杂网络下的配置问题。具体可以参考《How to：在存在多条路由的内部网络中配置 ISA Server 2004》一文。在此笔者选择内部网卡，如图 2-83 所示，配置完成后单击"下一步"按钮。

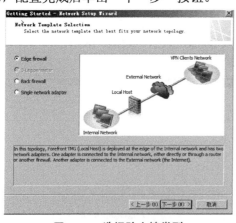

图 2-82　选择防火墙类型　　　　　　　图 2-83　选择内部网卡

（5）在 Internet 设置页，选择连接到 Internet 的对应网络适配器，如图 2-84 所示，单击"下一步"按钮。

（6）在完成网络设置向导页，如图 2-85 所示，单击"完成"按钮。此时 TMG 的网络设置就完成了。

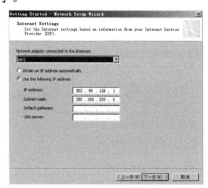
图 2-84 选择外部网络卡

图 2-85 完成网络配置

（7）接下来，进行 TMG 服务器的系统设置。在初始配置向导页，如图 2-86 所示，单击配置系统设置链接。

（8）在欢迎使用系统设置向导页，如图 2-87 所示，单击"下一步"按钮。

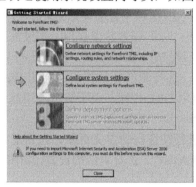
图 2-86 初始配置向导

图2-87 系统设置向导

（9）在主机标识页，根据用户的网络环境来决定 TMG 主机是否需要加入到域，如果需要，可以在本页面进行修改，但是用户对计算机名称、域成员关系的修改将导致服务器立即重启。在此笔者选择默认组 Workgroup，如图 2-88 所示，完成配置后单击"下一步"按钮。

（10）在完成系统设置向导页，单击"完成"按钮，如图 2-89 所示；此时 TMG 的系统设置就完成了。

图2-88 选择默认组Workgroup

图2-89 完成系统设置

（11）接下来，进行 TMG 服务器的策略设置。在初始配置向导页，单击定义部署选项链接，进入欢迎使用部署向导页，如图 2-90 所示，单击"下一步"按钮。

（12）在 Microsoft Update 设置页，配置是否通过 Microsoft Update 来更新非法软件定义。选择使用 Microsoft Update 服务来检查更新，如图 2-91 所示，单击"下一步"按钮。

 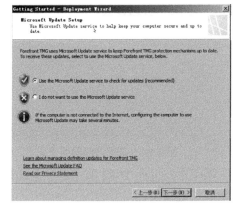

图 2-90　部署向导　　　　　　　　图 2-91　Microsoft Update 设置

（13）在 Forefront TMG 保护特性设置页，在 NIS 区域中配置是否启用 NIS 网络识别系统（NIS 是一款功能非常强大的网络入侵检测系统，因此强烈建议启用，不过需要购买额外的 License），选择激活补充许可并启用 NIS；然后在 Web 保护区域，配置是否启用 Web 访问保护（和 NIS 一样，也需要额外购买 License），选择激活评估授权并启用 Web 保护，然后选择 Web 保护功能中的启用非法软件识别与启用 URL 过滤（关于这两项功能的具体设置以后再专文进行说明），如图 2-92 所示，单击"下一步"按钮。

（14）在 NIS 特征码更新设置页，配置如何进行特征码的定义更新，在自动定义更新操作栏，选择检查并安装更新，然后在自动更新检测频率栏，选择对应的设置，如图 2-93 所示，单击"下一步"按钮。

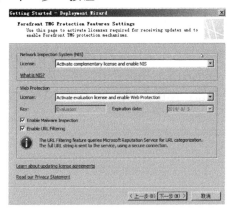 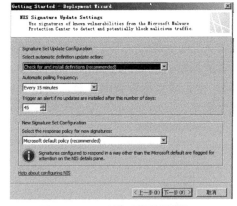

图 2-92　保护特性设置　　　　　　图 2-93　NIS 特征码更新设置

（15）在用户反馈页，根据用户的需求（是否提交用户反馈给微软），选择对应选项，如图 2-94 所示，单击"下一步"按钮。

（16）在微软遥测服务页，根据用户的需求（是否参加微软的安全遥测报告服务），选择对应选项后单击"下一步"按钮，如图 2-95 所示。

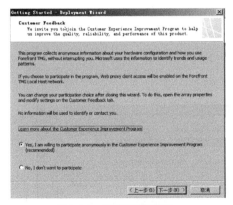
图2-94　用户反馈设置

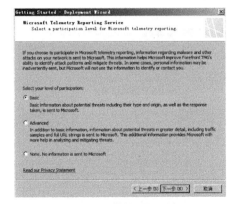
图2-95　微软遥测服务页

（17）最后在完成配置向导页，单击"完成"按钮，如图 2-96 所示。

（18）在初始配置向导对话框中单击"关闭"按钮，默认情况下会运行 Web 访问向导，如图 2-97 所示。

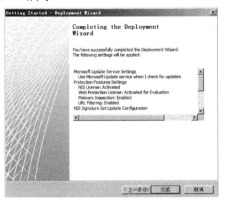
图2-96　完成配置向导页

图2-97　Web 访问向导

（19）由于在此只配置 VPN，因此单击"取消"按钮。

（20）依次打开 VPN 的配置界面，如图 2-98 所示。

（21）要想启动 VPN，必须先配置 VPN 地址池，如图 2-99 所示。

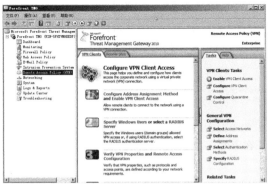
图 2-98　VPN界面

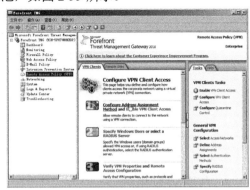
图 2-99　配置VPN地址池

（22）在配置地址池界面，由于笔者想手工分配，地址段控制在笔者想要的范围内，当然，选自动分配也可以，在此笔者选择静态分配，单击 Add 按钮，如图 2-100 所示。

(23)添加地址池范围,如图 2-101 所示。

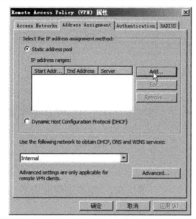
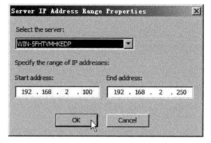

图 2-100　单击Add按钮　　　　　图2-101　添加地址池范围

(24)单击 OK 按钮,会看到刚才所配置的地址范围,如图 2-102 所示,单击"应用"按钮。

(25)在 VPN 配置界面,启动 VPN,如图 2-103 所示。

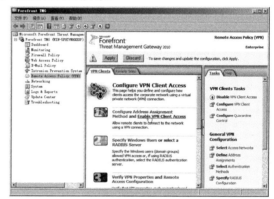

图 2-102　单击"应用"按钮　　　　　图2-103　启动VPN

(26)然后单击"应用"按钮,如图 2-104 所示,正在应用。

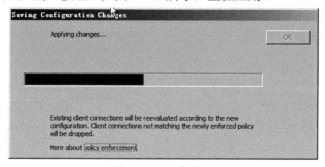

图2-104　正在应用

4．创建 VPN 用户

(1)由于我们创建的用户密码 123456 是简单密码,所以要先修改密码策略,打开本地安全策略,依次展开安全设置→账户策略→密码策略路径,如图 2-105 所示。

项目2 基于Windows的VPN网络的组建

(2) 在"密码必须符合复杂性要求"上单击鼠标右键,选择"属性"命令,在属性对话框中选择"已禁用"单选按钮,如图2-106所示。

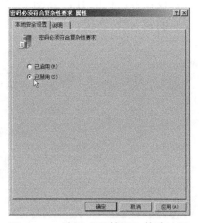

图2-105 密码策略　　　　　　　　　　　图2-106 选择"已禁用"单选按钮

(3) 刷新密码复杂性,在命令行输入 gpupdate /force,如图2-107所示。

图2-107 刷新策略

(4) 创建 VPN 用户,打开计算机管理窗口,依次展开系统工具→本地用户和组→用户,然后在用户上单击鼠标右键,选择"新用户"命令,设置相应参数后,单击"创建"按钮,打开"新用户"窗口,设置相应参数后,单击"创建"按钮,如图2-108所示。

(5) 在创建的新用户上单击鼠标右键,选择"属性"命令,打开属性对话框,切换到"拨入"选项卡,选择"允许访问"项,如图2-109所示。然后单击"应用"按钮,VPN用户设置完成。

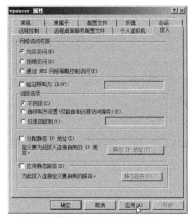

图2-108 创建VPN用户　　　　　　　　图2-109 设置访问权限

5. VPN 客户端的连接

（1）设置客户机的 IP，如图 2-110 所示。

（2）创建 VPN 连接，设置新的连接或网络，如图 2-111 所示。

图2-110　设置IP　　　　　　　　图 2-111　设置新的连接或网络

（3）选择"连接到工作区"，如图 2-112 所示。

（4）在"设置连接工作区"窗口，选择"使用我的 Internet（连接 VPN）"，如图 2-113 所示。

 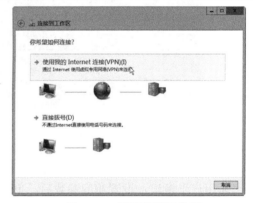

图2-112　选择"连接到工作区"　　　　　图2-113　设置连接工作区

（5）然后选择"我将稍后设置 Internet 连接"，如图 2-115 所示。

（6）再设置 VPN 连接信息，如图 2-116 所示。

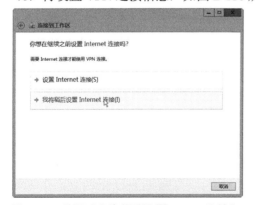 

图2-114　选择"我将稍后设置Internet连接"　　　图2-115　设置VPN连接信息

(7)单击"创建"按钮,由于默认是用 PPTP 协议连接的,连接成功后的信息如图 2-116 所示。

图 2-116 连接成功后的信息

 任务拓展——设置访问策略

在 TMG 2010 上设置访问策略,发布内网 Web 服务器。

具体操作步骤如下:

(1)先新建一条访问规则,允许所有内部主机访问外网,因为访问规则里默认有一条拒绝所有通信。操作为右击 Firewall,从快捷菜单中单击"新建"→"Access Rule"命令即可,进入"欢迎新建访问规则"界面,如图 2-117 所示。

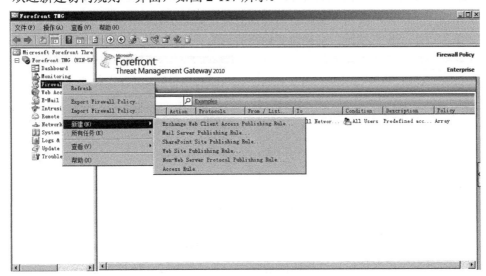

图 2-117 新建访问规则

(2)为访问规则命名,在此笔者设置为"允许内网的所有出站通信",如图 2-118 所示。

(3)单击"下一步"按钮,选择符合访问规则要执行的方式,如图 2-119 所示。

图2-118　单击"下一步"按钮　　　图2-119　选择符合访问规则要执行的方式

(4)单击"下一步"按钮,选择此规则应用的地方,按上述要求,在此笔者选择"应用到所有出站通信",如图 2-120 所示。

(5)单击"下一步"按钮,启用恶意软件检查,如图 2-121 所示。

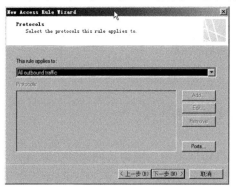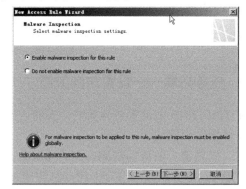

图2-120　选择"应用到所有出站通信"　　　图2-121　启用恶意软件检查

(6)单击"下一步"按钮,选择访问规则的源,如图 2-122 所示。

(7)单击"下一步"按钮,选择访问规则的目的,如图 2-123 所示。

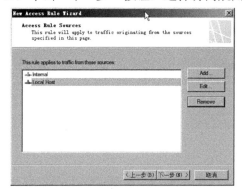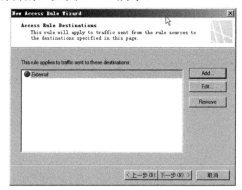

图2-122　选择访问规则的源　　　图2-123　选择访问规则的目的

(8)单击"下一步"按钮,选择访问规则用户集,如图 2-124 所示。

(9)单击"下一步"按钮,完成建立访问规则向导,可以看到刚才所设置的规则信息,如图 2-125 所示。

图2-124 选择访问规则用户集

图2-125 完成建立访问规则向导

(10) 新建Web发布规则,如图2-126所示。

图2-126 新建Web发布规则

(11) 欢迎使用新建Web发布规则向导,填写Web发布规则名称,如图2-127所示,单击"下一步"按钮。

(12) Web发布规则在符合规则的条件时要执行的操作,如图2-128所示,单击"下一步"按钮。

图2-127 填写Web发布规则名称

图2-128 Web发布规则在符合规则的条件时要执行的操作

(13) Web发布类型,在此笔者发布的是内网服务器的单个网站,因此选择第一个选项,如图2-129所示,单击"下一步"按钮。

（14）Web 服务器连接的安全，由于笔者没有做基于证书的服务器，使用的是 HTTP 协议，因此选择第二个，如图 2-130 所示，单击"下一步"按钮。

 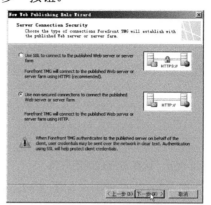

图2-129　选择第一个选项　　　　　　图2-130　选择第二个选项

（15）Web 内部发布的详细信息，在"计算机名称或 IP 地址"文本框输入 Web 服务器的 IP 地址或计算机名称，在此笔者输入的是主机的 IP 地址，如图 2-131 所示，单击"下一步"按钮。

（16）输入 Web 的路径，如图 2-132 所示，单击"下一步"按钮。

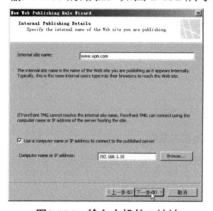 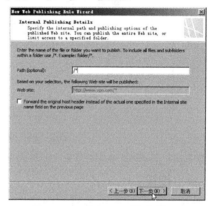

图2-131　输入主机的IP地址　　　　　图2-132　输入Web的路径

（17）Web 发布的公共名称细节，如图 2-133 所示，单击"下一步"按钮。

（18）选择 Web 侦听器，由于是第一次配置，单击 New 按钮，如图 2-134 所示。

图2-133　单击"下一步"按钮　　　　　图2-134　单击New按钮

（19）进入 Web 侦听器向导，给 Web 侦听器命名，如图 2-135 所示，单击"下一步"按钮。
（20）客户端连接安全设置类型，如图 2-136 所示，单击"下一步"按钮。

图2-135　给Web侦听器命名

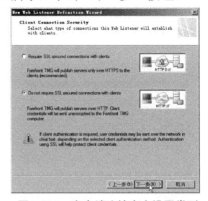

图2-136　客户端连接安全设置类型

（21）选择要侦听的 IP 地址，由于这里做的是发布内部网站，因此只需侦听外部网络，如图 2-137 所示，单击"下一步"按钮。

（22）身份验证设置，由于服务器没有做任何身份验证，在此选择"没有身份验证"，如图 2-138 所示，单击"下一步"按钮。

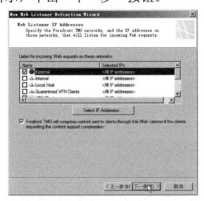

图2-137　单击"下一步"按钮

图2-138　选择"没有身份验证"

（23）正在完成新建向导，如图 2-139 所示，单击"完成"按钮。
（24）回到"选择 Web 侦听器"对话框，如图 2-140 所示，单击"下一步"按钮。

图2-139　单击"完成"按钮

图2-140　回到"选择Web侦听器"对话框

（25）VPN 服务器对发布的 Web 服务器进行身份验证使用的方法，如图 2-141 所示，单击"下一步"按钮。

（26）将此规则应用到用户集，如图 2-142 所示，单击"下一步"按钮。

图2-141 单击"下一步"按钮

图2-142 单击"下一步"按钮

（27）正在完成新建的 Web 发布规则向导，如图 2-143 所示，单击"完成"按钮。

图2-143 正在完成新建的Web发布规则向导

（28）单击 Apply 按钮应用所有策略，如图 2-144 所示，内部 Web 服务器发布完成。

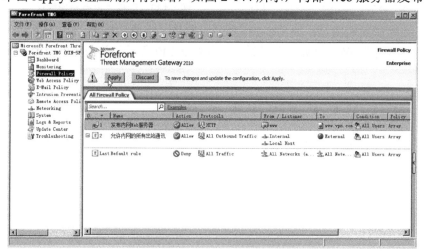

图2-144 单击应用所有策略

项目实训

[实训题]

通过 VMware 虚拟机系统搭建网络实验平台，包括 Windows 2003 系统一台、Windows 2012 一台和 Windows 2007 一台。其中 Windows 2012 系统用作 VPN 服务器，有两个网卡，分别为 eth1 和 eth2，eth1 用于连接内网，IP 地址为 192.168.##.1/24；eth2 用于连接外网，IP 地址为 219.222.##.1/24。Windows 2003 用作公司内网 WWW 服务器，IP 地址为 192.168.##.100。Windows 2007 用作外网的 VPN 客户机，IP 地址为 219.222.##.2/24。要求远程的公司用户能够访问公司内网 WWW 服务器。具体实验拓扑图如图 2-145 所示。

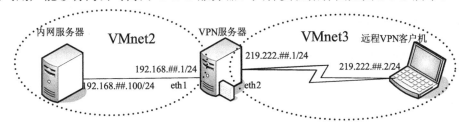

图2-145　PPTP VPN网络实验拓扑图

[实训目的]

（1）掌握 TMG 2010 软件的安装。
（2）掌握 TMG 2010 PPTP VPN 的配置。
（3）掌握 TMG 2010 的访问策略的配置。
（4）掌握 Windows WWW 服务器的配置。

[实训条件]

（1）Windows 系统中安装 VMware 10.0 系统。
（2）VMware 系统中打开 Windows 2003、Windows 2007、Windows 2012 三台虚拟机。
（3）Windows 2012 中 eth1 网卡与 Windows 2003 网卡连接至自定义网络 VMnet2；Windows 2012 中 eth2 网卡与 Windows 2007 网卡连接至自定义网络 VMnet3。

[实训步骤]

1. 实验环境的搭建

在 Windows 2012 中添加一块网卡，启动 Windows 2003、Windows 2012 和 Windows 2007 三台虚拟机，设置每个网卡的自定义网络，Windows 2003（VMnet2）、Windows 2012（内网卡：VMnet2；外网卡：VMnet3）、Windows 2007（VMnet3）。

2. 系统的基本网络配置

三台虚拟机网卡 IP 地址的设置，分别为 Windows 2003（192.168.##.100）、Windows

2012（192.168.##.1/219.222.##.1）、Windows 2007（219.222.##.2），子网掩码均为 24 位，在 Windows 2012 中用 ping 命令检测 VMnet2 和 VMnet3 两个网络的连通性。

3．VPN 服务器软件安装

检查 Windows 2012 系统是否具备 TMG 2010 的搭建环境，只有满足相应的条件才能继续进行 VPN 服务器的配置工作。

4．VPN 服务器配置

在 TMG 2010 里先创建一条运行所有站通信的网络规则，在新建一条网站发布规则，在建网站发布规则的同时建立一条侦听规则。

5．WWW 服务器配置

在 Windows 2003 Server 系统中添加 Web 服务器（IIS）角色，打开 IIS 工具，建立 WWW 网站，在本机测试网站是否建立成功。

7．VPN 客户机配置

设置好客户机的 IP 地址及子网掩码等信息，能够访问公司内网 WWW 服务器，建立 VPN 客户端连接，打开连接输入 VPN 用户名和密码成功连接。

 思考练习

一、选择题

1．通过 Windows 服务器中的路由和远程工具来安装 VPN 服务器，默认采用（ ）VPN 服务器。
A．PPP 协议　　　B．PPTP 协议　　　C．L2TP 协议　　　D．IPSec 协议

2．在 VMware Workstation 10.0 中，最多支持（ ）个自定义网络。
A．9　　　　　　B．8　　　　　　　C．10　　　　　　　D．20

3．在 VMware Workstation 10.0 中，有（ ）等几种网络连接方式。
A．桥接模式　　　B．NAT 模式　　　C．仅主机模式　　　D．自定义虚拟网络

4．在 VMware Workstation 10.0 中，支持（ ）操作系统
A．Windows Server 2012　　　　　　B．Windows 8×64
C．Windows 7×64　　　　　　　　　D．Windows 8

5．在网络连接类型中，NAT 默认使用（ ）自定义网络。
A．VMnet 0　　　B．VMnet 1　　　C．VMnet 8　　　D．VMnet 10

6．Forefront TMG 2010 安装的硬件要求中，内存至少要（ ）GB。
A．1　　　　　　B．2　　　　　　　C．3　　　　　　　D．4

7. 部署 IPSec VPN 时，配置哪种安全算法可以提供更可靠的数据加密？（   ）
A.DES   B. 3DES   C. SHA   D. 128 位的 MD5

8. 部署 IPSec VPN 时，配置哪种安全算法可以提供更可靠的数据验证？（   ）
A.DES   B. 3DES   C. SHA   D. 128 位的 MD5

9. VPN 设计中常用于提供用户识别功能的是（   ）。
A. RADIUS   B. TOKEN 卡   C. 数字证书   D. 802.1x

10. 部署大中型 IPSec VPN 时，从安全性和维护成本考虑，建议采取什么样的技术手段提供设备间的身份验证？（   ）
A. 预共享密钥   B. 数字证书   C. 路由协议验证   D. 802.1x

二、问答题

1. 在 Windows Server 2008 服务器中实现基于 PPTP 的 VPN 服务，服务器要安装哪些服务器角色？

2. 要在 Windows Server 2008 系统中安装 Forefront TMG 2010，系统要满足哪些硬件和软件要求？

3. 通过 VMware Workstation 软件可以实现哪些应用？

4. Forefront TMG 2010 有哪些功能？

项目 3
基于Linux系统的VPN网络的组建

知识目标

- Linux 界面基本操作
- Linux 网络基本操作
- Linux 软件的安装
- Linux PPTP VPN服务的配置
- Linux OPEN VPN服务的配置

技能目标

- PPTP VPN服务器的构建
- OPEN VPN服务器的构建

案例引入

小李是公司的业务经理，需要到全国各地出差，在出差的过程中经常需要访问公司内部网络资源。同时，总公司在其他城市设立有分公司，总公司内部的用户与分公司内部的用户经常需要通信。为此，公司需要搭建 VPN 服务器，满足内部员工访问公司内部网络。

根据案例进行分析，可引入如下两个学习任务。

任务 3-1：小李在外地接入 VPN，连接公司内部网络，访问总公司内网服务器。他可通过 PPTP 的方式来实现 VPN 的连接。总公司 VPN 服务器采用 Linux 系统，小李的计算机使用 Windows 系统。

任务 3-2：小李在外地需要远程访问总公司的内部网络，分公司的用户也需要访问总公司的内部网络。他可通过 OPEN 的方式来实现 VPN 的连接。总公司和分公司的接入服务器均采用 Linux 系统，小李的计算机使用 Windows 系统。

任务3-1　基于PPTP VPN网络的组建

 任务描述

公司内部网络建立一台 VPN 服务器，VPN 服务器有 eth0 和 eth1 两个网络接口。其中 eth1 用于连接内网，IP 地址为 192.168.1.1；eth2 用于连接外网，IP 地址为 219.222.80.1。VPN 客户端通过 Internet 网络与 VPN 服务器连接后，可访问局域网内部的服务器。建立

VPN 连接后，分配给 VPN 服务器的 IP 地址为 192.168.1.10，分配给 VPN 客户端的 IP 地址池为 192.168.1.100～192.168.1.120，192.168.1.200～192.168.1.220。客户端可以以用户名 jake、密码 123456 和 VPN 服务器建立连接，建立连接后获得的 IP 地址为 192.168.1.110。PPTP VPN 网络拓扑图如图 3-1 所示。

图3-1　PPTP VPN网络拓扑图

相关知识

用户大都熟悉 Windows 操作系统，但对 Linux 操作系统却较为陌生，为此需要介绍 Linux 相关知识，使读者了解 Linux 的操作界面，掌握 Linux 的基本设置，以便对 Linux 服务器进行配置与管理。

1．Linux 简介

Linux 和 Windows 操作系统一样，也是一个多用户、多任务的网络操作系统，越来越被更多的人所使用。Linux 的应用范围很广，有桌面、服务器、嵌入式系统和集群计算机等方面。Linux 操作系统与其他商业性操作系统最大的区别在于其源代码完全公开。

Linux 的版本号分为两部分：内核版本和发行版本。内核版本的序号由 3 部分数字构成，其形式如下：major.minor.patchlevel，如图 3-2 所示，内核版本号为 2.6.32。Linux 的发行版本很多，国内外主要发行的版本有 Fedora Core、Debian、Mandrake、Ubuntu、Red Hat Linux、SuSE、Linux Mint、CentOS、红旗等。其中 CentOS 是 RHEL 源代码再编译的产物，而且在 RHEL 的基础上修正了不少已知的 Bug，相对于其他 Linux 发行版，其稳定性值得信赖。本项目用 CentOS 6.4 来搭建 VPN 服务器。

图3-2　CentOS 6.4文本界面

2．Linux 桌面

Linux 有两种界面模式，分别是文本模式和图形模式。如图 3-2 所示为 Linux 的文本界面，通过命令完成 Linux 的操作，输入管理员 Root 账号及对应的密码即可成功登录进入 Linux 系统；输入命令 "ls /l" 可查看根目录中有哪些文件及子文件夹；输入 "uname –r" 可查看系统的内核版本；输入 "tail /etc/inittab" 可查看该文件的尾部 10 行。如果想让 Linux 自动启动到图形界面，可使用 vi 命令修改 "/etc/inittab" 文件内容，将 "id:3:initdefault" 中的数字 "3" 改为 "5"，然后输入命令 "reboot" 重启系统；也可以在文本界面直接输入命令 "startx" 进入图形界面。CentOS 6.4 图形界面如图 3-3 所示。

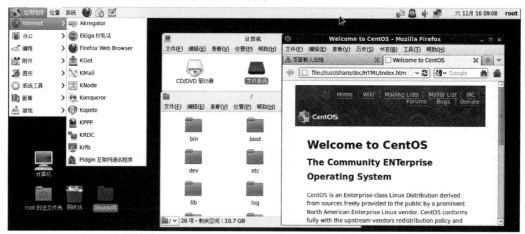

图3-3　CentOS 6.4图形界面

Linux 的图形化桌面环境的外观和操作方式类似于 Windows 操作系统，称为 X Windows System。Linux 系统提供了 GNOME 和 KDE 等桌面环境，图 3-3 显示为 GNOME 桌面环境，对桌面的操作方法与 Windows 系统相同。在 Windows 系统提供的应用程序在 Linux 中都有对应的应用程序，如 Linux 中的文本编辑器有 vi、gedit 等程序；浏览器有 Mozilla Firefox、Google Chrome、Konqueror 等。

 任务操作

1．Linux 网络基本配置

要配置好 Linux VPN 服务器，网络的基本配置很重要，主要体现在网卡的 IP 地址、子网掩码、默认网关和 DNS 服务器地址等信息。可利用图形界面管理工具来配置，也可以利用文本编辑工具修改配置文件来配置，较为专业的做法是利用配置文件来配置。图形管理工具配置界面如图 3-4 所示。

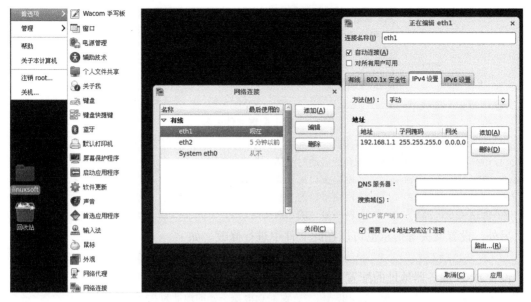

图3-4　图形管理工具配置界面

依次单击"系统"→"首选项"→"网络连接"命令，在"网络连接"对话框中选择对应的网络连接，如选择"eth1"，再打开"eth1"的网络编辑窗口，选择"手动"设置IP地址的方式，添加对应的IP地址、子网掩码等信息。

文本编辑界面可使用命令行来修改IP地址，如图3-5所示。

```
[root@localhost 桌面]# ifconfig eth2 219.222.80.1 netmask 255.255.255.0
[root@localhost 桌面]# ifconfig eth2
eth2      Link encap:Ethernet  HWaddr 00:0C:29:17:71:03
          inet addr:219.222.80.1  Bcast:219.222.80.255  Mask:255.255.255.0
          inet6 addr: fe80::20c:29ff:fe17:7103/64 Scope:Link
          UP BROADCAST RUNNING MULTICAST  MTU:1500  Metric:1
          RX packets:0 errors:0 dropped:0 overruns:0 frame:0
          TX packets:13 errors:0 dropped:0 overruns:0 carrier:0
          collisions:0 txqueuelen:1000
          RX bytes:0 (0.0 b)  TX bytes:830 (830.0 b)
          Interrupt:19 Base address:0x20a4

[root@localhost 桌面]# ifconfig eth1
eth1      Link encap:Ethernet  HWaddr 00:0C:29:17:71:F9
          inet addr:192.168.1.1  Bcast:192.168.1.255  Mask:255.255.255.0
          inet6 addr: fe80::20c:29ff:fe17:71f9/64 Scope:Link
          UP BROADCAST RUNNING MULTICAST  MTU:1500  Metric:1
          RX packets:0 errors:0 dropped:0 overruns:0 frame:0
          TX packets:15 errors:0 dropped:0 overruns:0 carrier:0
          collisions:0 txqueuelen:1000
          RX bytes:0 (0.0 b)  TX bytes:985 (985.0 b)
          Interrupt:19 Base address:0x2024
```

图3-5　使用命令行来修改IP地址

从图3-5中可以看出，命令ifconfig可以设置网卡的IP地址、子网掩码，也可以查看网卡的IP地址设置情况。同时可利用命令"ifconfig 网卡名称 up/down"对网卡进行激活或禁用。

无论是通过图形界面配置还是通过命令行来配置网卡，都是在修改网卡的配置文件，网卡的配置文件为"/etc/sysconfig/network/scripts-eth1/eth2"，如图3-6所示。

图3-6　网卡配置文件内容

```
DEVICE= eth2           表示网络接口的名称
ONBOOT=yes     表示网络接口在系统启动时激活
BOOTPROTO=static       网络接口配置为静态地址
IPADDR=219.222.80.1    网络接口的 IP 地址
NETMASK=255.255.255.0  网络接口的子网掩码
```

另外，设置网关等信息也可以在此文件中进行修改，如：

```
    GATEWAY=219.222.80.254        // 设置网络接口的缺省网关为 219.222.80.254
```

设置 DNS 服务器地址的配置文件为"/etc/resolv.conf"，加上如下语句：

```
    nameserver 211.98.1.28        // 设置 DNS 服务器的地址为 211.98.1.28
```

修改完配置文件后，需要重新启动网络，启动网络的命令为"service network restart"。

2．VPN 服务器软件安装

1）检查 PPTP 的搭建环境

要配置 PPTP VPN 服务器，先要检查系统是否具备 PPTP 的搭建环境，具体检查结果如图 3-7 所示。

图3-7　PPTP搭建环境的检查

（1）执行命令"modprobe ppp-compress-18 && echo ok"后，显示"ok"，则表示通过。

（2）执行命令"cat/dev/net/tun"后，显示"cat:/dev/net/tun: 文件描述处于错误状态"，则表示通过。

（3）执行命令"string '/usr/sbin/pppd'_|grep – mppe |wc --lines"，显示结果 40 大于 30，表示系统支持 MPPE；如果为 0，表示不支持。

上述三条均通过，才能安装 PPTP，否则只能考虑 Open VPN。

2）安装 PPTP 服务模块

服务器软件包包括 dkms、ppp、pptpd、iptables 等，先要检查系统是否安装这些软件包，如果没有安装，则需要从网上下载或从系统安装光盘中找到相应的软件包进行安装。在 CentOS 6.4 环境中包括如下软件：

```
    dkms-2.2.0.3-8.1.noarch.rpm
```

```
kernel_ppp_mppe-1.0.2-3dkms.noarch.rpm
pptpd-1.3.4-2.el6.i686.rpm
iptables-1.4.7-9.el6.i686.rpm
```

安装或查询的部分界面如图 3-8 所示。

```
[root@localhost tmp]# rpm -qa|grep pptpd
[root@localhost tmp]# rpm -qa|grep iptables
iptables-1.4.7-9.el6.i686
iptables-ipv6-1.4.7-9.el6.i686
[root@localhost tmp]# rpm -ivh pptpd-1.3.4-2.el6.i686.rpm
warning: pptpd-1.3.4-2.el6.i686.rpm: Header V3 DSA/SHA1 Signature, key ID 862acc
42: NOKEY
Preparing...                ########################################### [100%]
   1:pptpd                  ########################################### [100%]
[root@localhost tmp]#
```

图3-8 安装或查询的部分界面

默认情况下，ppp、dkms、iptables 软件包已经安装，只需安装 pptpd 软件包。本系统是 32 位的 CentOS 6.4 操作系统，找到相匹配的 pptpd 版本，使用 rpm –ivh 命令进行安装。

3．VPN 服务器配置

VPN 服务器的配置主要是三个配置文件的修改，分别如下：

```
/etc/ppp/options.pptpd
/etc/ppp/chap-secrets
/etc/pptpd.conf
```

1）配置文件 /etc/ppp/options.pptpd 的修改

使用 cp 复制命令对配置文件进行备份：

```
cp /etc/ppp/options.pptpd /etc/ppp/options.pptpd.bak
```

使用 vi 命令编辑文件 /etc/ppp/options.pptpd。
修改 VPN 服务器的名称为 vpnserver，在配置文件中加入如下语句：

```
name vpnserver
```

其他选项不需要修改。修改后配置文件具体内容如下：

```
name vpnserver              // 表示 pptpd server 的名称
refuse-pap                  // 表示拒绝 pap 身份验证模式
refuse-chap                 // 表示拒绝 chap 身份验证模式
refuse-mschap               // 表示拒绝 mschap 身份验证模式
require-mschap-v2           // 表示使用微软的 mschap-v2 进行自身验证
require-mppe-128            // 表示 MPPE 模块使用 128 位加密
proxyarp                    // 表示建立 ARP 代理键值
lock                        // 表示锁定客户端 PTY 设备文件
nobskcomp                   // 表示禁用 BSD 压缩模式
novjccomp                   // 表示禁用 Van Jacobson 压缩模式
nologfd                     // 表示禁止将错误信息记录到标准错误输出设备
ms-dns 8.8.8.8              // 表示为客户机提供 8.8.8.8 的 DNS 服务器地址
ms-dns 8.8.4.4              // 表示为客户机提供 8.8.4.4 的 DNS 服务器地址
```

2）配置文件 /etc/ppp/chap-secrets 的修改

使用 cp 复制命令对配置文件进行备份：

```
cp /etc/ppp/chap-secrets /etc/ppp/chap-secrets.bak
```

使用 vi 命令编辑，其内容如图 3-9 所示。

```
vi /etc/ppp/chap-secrets
```

```
# Secrets for authentication using CHAP
# client        server     secret              IP addresses
  jake          vpnserver  123456              192.168.1.110
```

图3-9 chap-secrets配置内容

表示客户机访问 VPN 服务器时使用的账号名为 jake，VPN 服务器名为 vpnserver，使用的用户账号密码为 123456，分配给客户的 IP 地址为 192.168.1.110。

3）配置文件 /etc/pptpd.conf 的修改

使用 cp 复制命令对配置文件进行备份：

```
cp /etc/pptpd.conf /etc/pptpd.conf.bak
```

使用 vi 命令编辑，其内容如图 3-10 所示。

```
vi /etc/pptpd.conf
```

```
#
# (Recommended)
localip 192.168.1.1
remoteip 192.168.1.100-120
remoteip 192.168.1.200-220
```

图3-10 pptpd配置内容

```
localip 192.168.1.1                // 表示服务器的本地IP地址
remoteip 192.168.1.100～120        // 表示客户端连接到服务器后分配的IP地址范围
```

4）配置文件 /etc/sysctl.conf 的修改

```
vi /etc/sysctl.conf
```

将 net.ipv4.ip_forward=0 改成 net.ipv4.ip_forward=1，开启路由转发模式。

保存修改后的文件，然后使用命令 "sysctl –p" 使配置生效。

5）重新启动 PPTPD 服务，使配置生效

```
service pptpd restart
```

4．VPN 防火墙配置

使用 iptables 命令完成 nat 转发及开启端口，具体如下：

（1）nat 转发

```
iptables -t nat -A POSTROUTING -s 192.168.1.0/24 -j MASQUERADE
```

（2）开启端口

```
iptables -A INPUT -p tcp -dport 1723 -j ACCEPT
iptables -A INPUT -p tcp -dport 47 -j ACCEPT
iptables -A INPUT -p gre -j ACCEPT
```

项目3 基于Linux系统的VPN网络的组建

（3）保存配置

```
service iptables save
service iptables restart
```

5．VPN 客户机配置

1）VPN 客户机的基本网络设置

设置 IP 地址为 219.222.80.10，子网掩码是 255.255.255.0，默认网关为 VPN 服务器外网卡地址。

2）VPN 客户连接的建立

（1）新建连接

根据"网络连接向导"，依次选择"连接到我的工作场所网络"→"虚拟专用网络连接"→"公司名"→"不拨初始连接"→"IP 地址"（VPN 服务器的 IP 地址，这里为 219.222.80.1）。

（2）修改连接属性

修改刚创建的连接，依次单击"属性"→"网络（选择 TCP/IP 协议）"→"属性"→"高级"，然后取消勾选"在远程网络上使用默认网关"后单击"确定"按钮。

（3）建立连接

打开建立好的连接，输入用户名和密码（这里用户名是 jake，密码是 123456），进行连接。连接成功，如图 3-11 所示。

图3-11 VPN客户连接

 任务拓展

1．访问内网 WWW 服务器

在上述任务中，实现了 VPN 客户端成功连接到 VPN 服务器，而远程用户真正的需求是访问总公司内网服务器，为此，在上述任务操作中需加上如下相应的操作任务才能达到用户真正的需求。

（1）内网服务器的连接

打开内网服务器 Windows Server 2008 虚拟机，设置相应的虚拟机网络（与 VPN 服务器的内网卡属于同一自定义网络）和 IP 地址（与 VPN 服务器的内网卡位于同一 IP 网段），使之与 VPN 服务器相连。

（2）WWW 服务器安装

在 Windows Server 2008 中安装 WWW 服务器，对 WWW 服务器进行相应的网站配置。

（3）VPN 客户端访问

在 VPN 客户端成功连接到 VPN 服务器之后，在 VPN 客户端访问内网 WWW 服务器。

2．Linux VPN 客户端

在上述任务中，使用 Windows 操作系统充当 VPN 客户端，由于 Windows 系统已经内置了 VPN 客户端连接程序，只需通过简单的向导即可完成 VPN 连接的建立，但 Linux 客户端中的 VPN 连接则没有那么简单，需要进行一些较为复杂的配置。以 Ubuntu 13 为例作为 VPN 客户端，具体配置内容如下。

默认情况下，Ubuntu 13 已经安装了基于 PPTP 的 VPN 客户端连接程序，如没有安装，则通过如下两个命令进行安装（保证互联网已经连接）：

```
sudo apt-get install network-manger-pptp
sudo apt-get install network-manager-vpnc
```

安装完成后，在电脑右上角的网络图标中显示有"VPN 连接"的选项，打开后可看到"点到点隧道协议（PPTP）"，表示安装成功。

通过向导，分别输入 VPN 连接名称、网关地址、用户名、密码等信息，如图 3-12 所示。

图3-12　VPN连接设置

在高级选项中选择"使用点对点加密（MPPE）"。设置完成后，使用建立的"jake vpn"连接，成功连接后，在命令提示符下可看到新的连接"ppp0"，其 IP 地址为获得的新地址 192.168.1.100。

项目3 基于Linux系统的VPN网络的组建

 项目实训

[实训题]

通过 VMware 虚拟机系统搭建网络实验平台,包括 CentOS 6.4 系统一台、Windows 2008 Server 一台和 Windows 7 一台。其中 CentOS 6.4 系统用作 VPN 服务器,有两个网卡,分别为 eth1 和 eth2,eth1 用于连接内网,IP 地址为 172.16.1.1/24;eth2 用于连接外网,IP 地址为 219.222.80.1/24。Windows 2008 用作公司内网 WWW 服务器,IP 地址为 172.16.1.2。Windows 7 用作外网的 VPN 客户机,IP 地址为 219.222.80.2/24。要求远程的公司用户能够访问公司内网 WWW 服务器。PPTP VPN 网络实验实验拓扑图如图 3-13 所示。

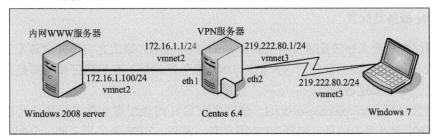

图3-13 PPTP VPN网络实验拓扑图

[实训目的]

(1)掌握 Linux 界面的基本操作。
(2)掌握 Linux 网络的基本设置。
(3)掌握 Linux 系统软件的安装。
(4)掌握 Linux 系统 PPTP VPN 的配置。
(5)掌握 Windows WWW 服务器的配置。
(6)掌握 Winodws VPN 客户机的配置。

[实训条件]

(1)Windows 系统中安装 VMware 10.0 系统。
(2)Vmware 系统中打开 Windows 2008、CentOS 6.4、Windows 7 三台虚拟机。
(3)Windows 2008 与 CentOS 6.4 中的 eth1 均设置为自定义网络 VMnet 2,CentOS 6.4 中的 eth 2 和 Windows 7 均设置为自定义网络 VMnet 3。

[实训步骤]

1. 实验环境的搭建

在 CentOS 6.4 中添加一块网卡,启动 Windows 2008、CentOS 6.4 和 Windows 7 三台虚拟机,设置每个网卡的自定义网络,Windows2008(VMnet2)、CentOS 6.4(内网卡:VMnet2;外网卡:VMnet3)、Windows 7(VMnet3)。

2．系统的基本网络配置

三台虚拟机网卡 IP 地址的设置，分别为 Windows 2008（172.16.1.100）、CentOS 6.4（172.16.1.1、219.222.80.1）和 Windows 7（219.222.80.2）。在 CentOS 6.4 中使用 ping 命令检测 VMnet2 和 VMnet3 两个网络的连通性。

3．VPN 服务器软件安装

检查 Linux 系统是否具备 PPTP VPN 的搭建环境，只有满足相应的条件才能继续进行 VPN 服务器的配置工作。检查 VPN 服务器的软件包 pptpd 是否安装，如果没有安装则安装相应的软件包。软件包安装版本需要与系统版本相匹配，可从网上下载或系统安装光盘中找到。

4．VPN 服务器配置

根据网络配置要求修改配置文件 /etc/ppp/options.pptpd，修改之前最好对该配置文件进行备份。修改 pptpd server 的名称、客户机的 DNS 服务器地址、身份验证模式等信息。大多采用默认配置，不需要进行修改。

修改配置文件 /etc/ppp/chap-secrets，修改之前最好对该配置文件进行备份。添加用于客户机访问 VPN 服务器的信息，包括 VPN 用户名、密码、VPN 服务器名称、分配给客户机的 IP 地址等信息。

修改主配置文件 /etc/pptpd.conf，修改之前最好对该配置文件进行备份。大多采用默认配置，不需要进行修改。主要是设置服务器本地 IP 地址及客户端连接到服务器后分配的 IP 地址，即参数 localip 和 remoteip。

修改配置文件 /etc/sysctl.conf，启用路由转发，修改后需要使用命令"sysctl –p"使配置转发生效。

完成上述配置后，需要重新启动 VPN 服务器，使配置生效。

5．VPN 防火墙配置

使用 iptables 工具完成 NAT 转发的配置，开启服务器 1723 和 47 端口，允许 gre 协议通过。完成配置后需要保存配置，并重新启动防火墙服务。

6．WWW 服务器配置

在 Windows 2008 Server 系统中添加 Web 服务器（IIS）角色，打开 IIS 工具，建立 WWW 网站，在本机测试网站是否创建成功。

7．VPN 客户机配置

设置好客户机的 IP 地址及子网掩码等信息，建立 VPN 客户端连接，打开连接输入 VPN 用户名和密码进行连接。成功连接后，能够访问公司内网 WWW 服务器。

任务3-2 基于OPEN VPN网络的组建

 任务描述

总公司在北京，分公司在广州，总公司的局域网与分公司的局域网通过 VPN 进行连接，其中 VPN 服务器采用 Linux 系统，VPN Client 采用 Linux 系统，而客户机 B 采用 Windows XP。总公司网络地址为 192.168.1.0/24，分公司网络地址为 192.168.10.0/24。将总公司对外的 Linux 服务器设置为 VPN Server，而分公司对外的 Linux 服务器设置为 VPN Client。VPN Server 和 VPN Client 通过互联网相连，假设 VPN Server 对外的网络接口的 IP 地址为 219.222.80.1，对内的网络接口的 IP 地址为 192.168.1.254/24；VPN Client 对外的网络接口的 IP 地址为 219.222.80.10/24，对内的网络接口的 IP 地址为 192.168.10.254/24。公司总公司内部 WWW 服务器地址为 192.168.1.253/24，分公司内部客户机 A 的地址为 192.168.10.200/24，异地出差员工的客户机 B 的地址为 219.222.80.200/24。OPEN VPN 网络拓扑图如图 3-14 所示。

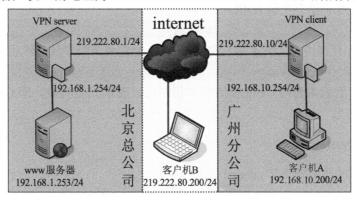

图3-14 OPEN VPN网络拓扑图

 相关知识

OpenVPN 是一个开源的加密隧道构建工具，基于 OpenSSL 的 SSL/TLS 的协议，可以在 Internet 中实现点对点的 SSL VPN 安全连接。使用 OpenVPN 的好处是安全、易用和稳定，且认证方式灵活，具备实现 SSL VPN 解决方案的完整特性。OpenVPN 可以应用于 Linux、Unit、Mac OS 及 Windows 等各种操作系统平台。

OpenVPN 提供两种类型的虚拟网络接口：TUN 和 TAP，分别用于建立 IP 隧道、以太网桥接。在 Linux 中使用这两种虚拟设备，需要对应的内核模块支持。CentOS 6 系统默认已经编译好 tun 模块，直接使用即可。

OpenVPN 使用 OpenSSL 库加密数据与控制信息：它使用了 OpenSSL 的加密及验证功能，这意味着，它能够使用任何 OpenSSL 支持的算法。它提供了可选的数据包 HMAC 功能以提高连接的安全性。此外，OpenSSL 的硬件加速也能提高它的性能。

OpenVPN 提供了多种身份验证方式，用以确认参与连接双方的身份，分别为预享私钥、基于 PKI 证书、用户/口令组合三种方式。其中预享私钥最为简单，但同时它只能用于建立点对点的 VPN；基于 PKI 的第三方证书提供了最完善的功能，但是需要额外的精力去维护一个 PKI 证书体系；OpenVPN 2.0 后引入了用户名/口令组合的身份验证方式，它可以省略客户端证书，但是仍有一份服务器证书需要加密。

 任务操作

1．安装 OpenVPN

使用源代码编译方式安装 OpenVPN 不便于以后升级维护，这里使用 yum 命令来安装。默认情况下 CentOS 6.4 yum 源是没有 OpenVPN 的，找不到包是因为 CentOS 是 RedHat 企业版编译过来的，去掉了所有关于版权问题的内容。安装 EPEL 后可以很好地解决这个问题。EPEL（Extra Packages for Enterprise Linux）即企业版 Linux 的扩展包，提供了很多可供 Centos 使用的组件，安装完成后基本常用的 rpm 都可以找到。

（1）安装 epel

先检测 CentOS 有没有安装 EPEL：

```
[root@CentOS /root ]# rpm -qa|grep epel
```

如果没有显示任何内容，表示并未安装 EPEL，则需要下载安装包然后进行手动安装。

```
[root@CentOS /root ]# rpm -ivh epel-release-6-5.noarch.rpm
```

注意：EPEL 的版本要与 CentOS 的版本相对应，否则安装失败，即 CentOS6 版本要对应 epel 6 版本。

（2）安装 openssl-devel

先检测 CentOS 是否安装了 openssl-devel：

```
[root@CentOS /root ]# rpm -qa|grep openssl-devel
```

如果还没有安装，则使用 yum 命令来安装，可以先执行 yum clean all 命令清除缓存目录下的软件和旧的 headers。

```
[root@CentOS /root ]# yum -y install openssl-devel
```

（3）安装 OpenVPN 服务端

```
[root@CentOS /root ]#yum -y install openvpn
```

OpenVPN 默认安装在 /usr/share/doc 目录下。这体现了 yum 安装的好处，比如 OpenVPN 需要 lzo 支持，安装时会检测系统，没有的组件会自动安装进去。

注意：①这里的软件包是从资源库下载的，所以要保证服务器可以接入因特网。②如果提示"Existing lock /var/run/yum.pid: another copy is running as pid 4651.Another app is currently holding the yum lock; waiting for it to exit..."，可通过"rm -rf /var/run/yum.pid"命令来解除锁定。

（4）安装 easy-rsa

先查看 /usr/share/doc/openvpn-2.3.2 目录下有没有 easy-rsa 包，如果没有，则需要下载并安装。

```
[root@CentOS /root ]#yum -y install easy-rsa
```

项目3 基于Linux系统的VPN网络的组建

把 /usr/share/easy-rsa 整个目录复制到 /usr/share/doc/openvpn-2.3.2 目录下。至此，OpenVPN 全部安装完毕。

```
[root@CentOS /root ]#cp -R /usr/share/easy-rsa /usr/share/doc/openvpn-2.3.2
```

easy-rsa 目录中包含的文件如下：

```
vars                     //用来创建环境变量，设置所需要的变量的脚本
clean-all                //创建生成 ca 证书及密钥文件所需要的文件及目录
build-ca                 //生成 ca 证书（交互）
build-dh                 //生成 Diffie-Hellman 文件（交互）
build-key-server         //生成服务器端密钥（交互）
build-key                //生成客户端密钥（交互）
pkitool                  //直接使用 vars 的环境变量设置，直接生成证书（非交互）
```

2. OpenVPN 证书配置

（1）编辑 vars 文件

```
[root@CentOS /root]#cd /usr/share/doc/openvpn-2.3.2/easy-rsa/2.0
[root@CentOS 2.0 ]# vim vars
```

文件内容如下：

```
export PKCS11_MODULE_PATH=changeme
export PKCS11_PIN=1234
export KEY_SIZE=2048                       //定义生成密钥的位数
export KEY_COUNTRY="CN"                    //定义所在的国家编码
export KEY_PROVINCE="GuangDong"            //定义所在的省份
export KEY_CITY="GuangZhou"                //定义所在的城市
export KEY_ORG="FeiYin"                    //定义所在的组织
export KEY_EMAIL=""                        //定义用户的邮件地址
export KEY_OU=frworkroom                   //定义所在的单位
export KEY_NAME=FeiYin.openVPN.org
export KEY_CN=FeiYin.openVPN.org
```

（2）生成 CA 证书

```
[root@CentOS 2.0 ]#source ./vars
[root@CentOS 2.0 ]#./clean-all
[root@CentOS 2.0 ]#./build-ca
```

source ./vars 使上述修改生效，./clean-all 的作用是清除 keys 目录下旧的证书和密钥。因为编辑 vars 文件时已经设置了默认变量，所以只需要一直按回车键即可，最后在 keys 目录下生成 ca.crt 和 ca.key 两个脚本文件。

（3）生成服务器证书及私钥

```
[root@CentOS 2.0 ]# ./build-key-server server
```

一直按回车键，直到出现第一个提示："Sign the certificate? [y/n]:"，都选择 y 即可，最后生成 server.crt、server.csr、server.key 三个脚本文件。

（4）生成客户端证书及私钥

客户端证书及私钥有两个，一个用于 vpnclient 客户机，另一个用于客户机 clientb。具体如下：

```
[root@CentOS 2.0 ]#./build-key vpnclient
```

操作过程与生成服务器证书及私钥相似，但在"Common Name (eg, your name or your server's hostname) []:"输入的名称不能与其他客户端相同，这里输入 vpnclient，最后生成 vpnclient.crt、vpnclient.csr、vpnclient.key 三个脚本文件。

```
[root@CentOS 2.0 ]#./build-key clientb
```

（5）创建服务器所需的 Diffie-Hellman 参数

```
[root@CentOS 2.0 ]#./build-dh
```

生成脚本文件可能需要等待一段时间，最后生成 dh2048.pem 脚本文件。

（6）生成 HMAC firewall 验证码

```
[root@CentOS 2.0 ]# openvpn --genkey --secret keys/ta.key
```

生成 HMAC firewall 验证码，目的就是防止 doc 攻击，它其实是一种加密的散列消息验证码，对数据的完整性和真实性进行同步检查，最后生成 ta.key 脚本文件。

3．OpenVPN 服务器配置

（1）建立配置文件夹并复制证书及配置文件

```
[root@localhost 2.0]#cp /usr/share/doc/openvpn-2.3.2/easy-rsa/2.0/keys/{ca.crt,ca.key,dh2048.pem,server.crt,server.key,ta.key} /etc/openvpn/
```

将服务器端所需的证书和密钥等文件复制到配置文件夹 /etc/openvpn 中。

```
[root@localhost 2.0]#tar -jcvf vpnclient.tar.bz2/usr/share/doc/openvpn-2.3.2/easy-rsa/2.0/k    eys/{ca.crt,vpnclient.csr,vpnclient.crt,vpnclient.key,ta.key}
[root@localhost 2.0]# tar -jcvf clientb.tar.bz2 /usr/share/doc/openvpn-2.3.2/easy-rsa/2.0/keys/{ca.crt,clientb.csr,clientb.crt,clientb.key,ta.key}
```

将客户端所需的证书和密钥等文件分别进行打包，客户端连接 vpn server 时需要这些文件。

```
[root@localhost 2.0]# cp /usr/share/doc/openvpn-2.3.2/sample/sample-config-files/server.conf /etc/openvpn/server-vpnclient
[root@localhost 2.0]# cp /usr/share/doc/openvpn-2.3.2/sample/sample-config-files/server.conf /etc/openvpn/server-clientb
```

将系统中服务器配置文件模板复制到配置文件夹 /etc/openvpn 中，建立两个主配置文件，一个用于 vpnclient 和 vpnserver 的连接，一个用于 clientb 和 vpnserver 的连接。

（2）新建 ccd 目录和 vpn client 配置文件

```
[root@CentOS /root ]# mkdir /etc/openvpn/ccd
[root@CentOS /root ]# touch /etc/openvpn/vpnclient
[root@CentOS /root ]# echo "iroute 192.168.10.0 255.255.255.0" >> /etc/openvpn/ccd/vpnclient
```

ccd 目录用于存放 vpnclient 的配置文件，配置文件的名称必须为 vpnclient 的公共名。当一个新的客户端连接 OpenVPN 服务器时，服务器进程会针对客户端的证书中的匹配通用名称来检查 /etc/openvpn/cdd（默认）目录，如果找到与之匹配的文件，就会对这个文件进行额外的配置处理。

OpenVPN 服务器到远程客户端的路由是由 iroute 参数控制的，route 参数（服务器主配置文件）通过 TUN 接口控制从内核到 OpenVPN 服务器的路由。

（3）修改服务器主配置文件

主配置文件有两个，一个是 server-vpnclient，一个是 server-clientb。

server-vpnclient 配置文件内容如下：

```
local     219.222.80.1                  //指定侦听请求的服务器 IP 地址
port      1194                          //指定服务器侦听的服务端口
proto     tcp                           //指定传输层协议
dev       tun                           //指定网络层 IP 的点对点协议
ca        /etc/openvpn/ca.crt           //指定前面生成的 CA 证书
cert      /etc/openvpn/server.crt       //指定前面生成的服务器证书
key       /etc/openvpn/server.key       //指定前面生成的服务器证书私钥
dh        /etc/openvpn/dh2048.pem       //指定前面生成的加密算法文件
server    192.168.100.0  255.255.255.0  //指定客户端获得的 IP 地址网段
push "route 192.168.1.0 255.255.255.0"  //指定总公司的网络地址
push "route 192.168.10.0 255.255.255.0" //指定分公司的网络地址
push "route 192.168.200.0 255.255.255.0"//指定远程 VPN 连接的网络地址
client-config-dir /etc/openvpn/ccd      //指定调用 ccd 子目录下的客户端配置文件
route 192.168.10.0 255.255.255.0        //添加总公司到分公司网段的路由
client-to-client                        //允许各客户端之间的互相访问
    duplicate-cn                        //允许 vpnclient 密钥被复用
push "dhcp-option dns 192.168.1.253"    //指定公司的 DNS 服务器地址
keepalive 10 120            //指定存活时间，每 10 秒 ping 一次，120 秒内没收到视为断线
tls-auth /etc/openvpn/ta.key            //指定前面生成的防火墙验证码
max-clients 100                         //最多允许 100 个客户端连接
persist-key                 //检测超时后重新启动 VPN 时保留第一次使用的私钥
persist-tun                 //检测超时后重新启动 VPN 后保持 tun 设备是连接的
          status   openvpn-status.log   指定日志文件
          verb     3                    指定日志文件冗余
```

server-clientb 配置文件内容如下：

```
local     219.222.80.1                  //指定侦听请求的服务器 IP 地址
port      1195                          //指定服务器侦听的服务端口
```

```
proto        tcp                              // 指定传输层协议
dev          tun                              // 指定网络层 IP 的点对点协议
ca           /etc/openvpn/ca.crt              // 指定前面生成的 CA 证书
cert         /etc/openvpn/server.crt          // 指定前面生成的服务器证书
key          /etc/openvpn/server.key          // 指定前面生成的服务器证书私钥
dh           /etc/openvpn/dh2048.pem          // 指定前面生成的加密算法文件
server       192.168.200.0   255.255.255.0    // 指定客户端获得的 IP 地址网段
push  "route 192.168.1.0 255.255.255.0"       // 指定总公司的网络地址
push  "route 192.168.10.0 255.255.255.0"      // 指定分公司的网络地址
push  "route 192.168.100.0 255.255.255.0"     // 指定 vpnclient 连接的网络地址
push  "dhcp-option dns 192.168.1.253"         // 指定公司的 DNS 服务器地址
keepalive 10 120       // 指定存活时间,每 10 秒 ping 一次,120 秒内没收到视为断线
tls-auth   /etc/openvpn/ta.key                // 指定前面生成的防火墙验证码
max-clients   100        // 最多允许 100 个客户端连接
persist-key              // 检测超时后重新启动 VPN 时保留第一次使用的私钥
persist-tun              // 检测超时后重新启动 VPN 后保持 tun 设备是连接的
     status     openvpn-status.log    // 指定日志文件
     verb       3                     // 指定日志文件冗余
```

(4)启动 OpenVPN

```
[root@CentOS /root ]#/usr/sbin/openvpn--config /etc/openvpn/server-vpnclient&
[root@CentOS /root ]#/usr/sbin/openvpn--config /etc/openvpn/server-clientb &
[root@CentOS /root ]#service openvpn start
```

通过 ifconfig 可以看到多了 tun0 和 tun1 两个设备。

(5)防火墙配置

首先修改 /etc/sysctl.conf 文件,将 net.ipv4.ip_forward = 0 修改成 net.ipv4.ip_forward = 1,打开 IP 转发功能,并输入命令 "sysctl -p" 使转发生效。

接下来对防火墙进行设置:

```
iptables  -A  INPUT    -p tcp  --dport  1194  -j  ACCEPT    // 打开 1194 端口
iptables  -A  INPUT    -p tcp  --dport  1195  -j  ACCEPT    // 打开 1195 端口
// 使 192.168.1.0、192.168.10.0、192.168.100.0、192.168.200.0 之间可以互相访问。
iptables  -t  nat  -A  POSTROUTING   -j  MASQUERADE
```

提示:可以通过 "route -n" 命令查看路由记录。

(6)vpnclient 客户端配置

① 开启路由转发功能。

修改 /etc/sysctl.conf 文件,将 net.ipv4.ip_forward = 0 修改成 net.ipv4.ip_forward = 1,打开 IP 转发功能,并输入命令 sysctl -p 使转发生效。

② 对防火墙进行设置:iptables -t nat -A POSTROUTING -j MASQUERADE

③ 安装 OpenVPN 服务包。

④ 将服务器打包的客户端文件 vpnclient.tar.bz2 解压,并复制到 /etc/openvpn/keys 文件夹中。

⑤ 建立 /etc/openvpn/gw2.conf,其文件内容如下:

```
client
dev tun
proto tcp
remote 219.222.80.1  1194
persist-key
persist-tun
ca /etc/openvpn/ca.crt
cert /etc/openvpn/vpnclient.crt
key /etc/openvpn/vpnclient.key
ns-cert-type server
tls-auth /etc/openvpn/ta.key 1
comp-lzo
verb 3
script-security 3
```

⑥ 启动 VPN 服务:/usr/sbin/openvpn --config /etc/openvpn/gw2.conf&。

(7) clientb 客户端配置

① 安装 openvpn 客户端软件 openvpn-2.2.2-install.exe。

② 将服务器打包的客户端文件 clientb.tar.bz2 解压,并复制到安装目录下的 config 中,默认安装在 C:\Program Files 目录下。

③ 从 C:\Program Files\OpenVPN\sample-config 复制 client.ovpn 文件到 C:\Program Files\OpenVPN\config 目录下,修改 client.ovpn,其文件内容如下:

```
client
dev tun
proto tcp
remote 219.222.80.1  1195
persist-key
persist-tun
ca ca.crt
cert clientb.crt
key clientb.key
ns-cert-type server
tls-auth ta.key 1
comp-lzo
verb 3
script-security 3
```

④ 运行客户端程序,在右下角客户端的图标上单击鼠标右键,选择 connect 命令即可连接到 VPN 服务器。在客户端配置文件 client.vpn 没有复制到 config 目录下之前,是没有 connect 选项的。

（8）VPN 连接验证

① 客户机 A 和客户机 B 能够访问 WWW 服务器。
② WWW 服务器能够访问客户 A。

 任务拓展

在上述任务中，实现了 VPN 客户端和分公司成功连接到 VPN 服务器，而远程用户及分公司真正的需求是访问总公司内网服务器。为此，需对内网服务器进行相应的配置，本例公司内网服务器假设为 CentOS 6.4 下的 Apache 服务器。

1. 内网服务器的连接

打开内网服务 CentOS 6.4 虚拟机，设置相应的虚拟机网络（与 VPN 服务器的内网卡属于同一自定义网络）和 IP 地址（与 VPN 服务器的内网卡位于同一 IP 网段，如设置为 192.168.1.100），使之与 VPN 服务器相连。

2. WWW 服务器安装

检查 CentOS 6.4 系统中是否安装了 Apache 服务器（默认情况下已经安装了 Apache 服务器）。如图 3-15 所示，表示系统已经安装了 httpd 软件包，即 apache 服务包。如没有安装，则从系统安装盘中找出软件包 httpd-2.2-15-26.el6.centos.i686，并进行安装。

```
[root@localhost vpn]# rpm -qa|grep httpd
httpd-2.2.15-26.el6.centos.i686
httpd-tools-2.2.15-26.el6.centos.i686
httpd-manual-2.2.15-26.el6.centos.noarch
[root@localhost vpn]#
```

图3-15　查看是否安装了Apache服务器

接下来需要对 Apache 服务器进行相应的网站配置，修改配置文件 http://etc/httpd/conf/httpd.conf，为其建立相应的虚拟目录或虚拟网站。建立对应网站目录及网站内容，设置相应的网络访问权限。

3. VPN 客户端访问

在 VPN 客户端成功连接到 VPN 服务器之后，在 VPN 客户端访问内网 Apache 服务器。

 项目实训

[实训题]

通过 VMware 虚拟机系统搭建网络实验平台，包括 CentOS 6.4 系统四台、Windows 7 一台。其中 CentOS 6.4 系统分别用作 VPN Server、VPN Client、总公司内网 WWW 服务器、分公司内网 FTP 服务器，Windows 7 系统用作远程客户机。北京总公司所属网段为 172.16.1.0/24（VMnet2），广州分公司所属网段为 172.16.10.0/24（VMnet3），将 Internet 虚拟成网段 219.222.80.0/24（VMnet9）。具体 IP 地址及其他信息如图 3-16 所示。要求公司所有内网用户和 VPN 远程用户都能访问公司内网的 WWW 服务器和 FTP 服务器。

项目3 基于Linux系统的VPN网络的组建

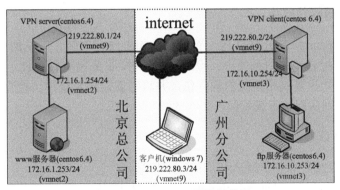

图3-16 Open VPN网络拓扑图

[实训目的]

（1）掌握 Linux Open VPN 证书的配置。
（2）掌握 Linux Open VPN 服务器配置。
（3）掌握 Linux Open VPN 客户端配置。
（4）掌握 Linux Apache 服务器配置。
（5）掌握 Linux Vsftp 服务器配置。

[实训条件]

（1）Windows 系统中安装 VMware 10.0 系统。
（2）VMware 系统中打开 CentOS 6.4 虚拟机四台、Windows 7 虚拟机一台。
（3）总公司内网网段设置为自定义网络 VMnet2，分公司内网网段设置为自定义网络 VMnet3，Internet 网络设置为自定义网络 VMnet9。

[实训步骤]

1. 实验环境的搭建

在 VMware 中为 5 台虚拟机，添加相应的网卡，其中 VPN Server 和 VPN Client 需要两块网卡，其他三台虚拟机均只需要一块网卡。为每个网卡设置相应的的自定义网段 VMnet。

2. 系统的基本网络配置

在VMware中打开5台虚拟机,在系统中设置好每个网卡的IP地址、子网掩码及默认网关。
VPN Server：内网卡 IP 为 172.16.1.254/24，外网卡 IP 为 219.222.80.1/24。
VPN Client：内网卡 IP 为 172.16.10.254/24，外网卡 IP 为 219.222.80.2。
WWW 服务器：IP 为 172.16.1.253/24，默认网关为 172.16.1.254。
FTP 服务器：IP 为 172.16.10.253/24，默认网关为 172.16.10.254。
客户机：IP 为 219.222.80.3/24

3．VPN 服务器软件安装

检测 epel 和 Openssl-devel 软件包是否安装，如果没有安装，则从网上下载或从安装光盘复制软件包，并将它安装到系统中。检测 OpenVPN 服务包是否安装，如没有安装，则从网上下载或从安装光盘复制相匹配的软件包，并将它安装到系统中。检查 easy-rsa 软件包有没有安装，没有，则从网上下载安装。

4．OpenVPN 证书配置

（1）编辑 var 文件，按格式输入相应的证书信息。
（2）使用命令 source、clear-all、build-ca 生成 CA 证书。
（3）使用命令 build-key-server 生成服务器证书及私钥。
（4）使用命令 build-key 生成 Client VPN 客户端证书及私钥。
（5）使用命令 build-key 生成远程客户端证书及私钥。
（6）使用命令 build-dh 创建算法文件。
（7）使用命令 OpenVPN 及相应参数创建验证码脚本文件。

5．OpenVPN 服务器配置

（1）建立配置文件夹。
（2）复制服务器证书到配置文件夹。
（3）打包备份客户端证书文件。
（4）复制服务器主配置文件模板到配置文件夹，建立两个主配置文件，用于连接两个不同的 VPN 客户端，其中一个用于连接 VPN Cilent 服务器，另一个用于连接 VPN 客户机。
（5）修改两个主配置文件内容，设置侦听请求的服务器 IP 地址、服务器侦听的服务端口、指定的传输层协议、网络层点对点协议、服务器 CA 证书、服务器证书、服务器私钥、加密算法文件、防火墙验证码、指定到总公司网络的路由、指定到分公司网络的路由。两个主配置文件的内容有所不同，其中端口号、路由等信息也不同。
（6）新建 ccd 目录和 VPN Client 配置文件。
（7）重启 openvpn 使配置生效。

6．防火墙配置

（1）修改 /etc/sysctl.conf 配置文件，开启 IP 转发功能，输入命令"sysctl -p"使转发生效。
（2）修改防火墙，打开服务器侦听的 VPN 服务端口、WWW 服务器端口、FTP 服务器端口。
（3）修改防火墙，开启 VPN Client 网关及客户机到公司总部网络的 NAT 地址转换。
（4）修改防火墙，开启公司总部和分公司网络之间相互路由转发。
（5）保存防火墙配置，重新启动防火墙。

7．WWW 服务器配置

（1）apache 服务包安装。
（2）网站文件夹及网页文档的建立。

（3）apache 配置文件的修改，建立一个网站。
（4）本地测试 WWW 服务器的访问。

8．FTP 服务器配置

（1）vsftp 服务包安装。
（2）FTP 服务器文件夹建立及文档建立。
（3）FTP 配置文件的修改，建立用于上传及下载的文件夹。
（4）本地测试 FTP 服务器的访问。

9．VPN Client 网关配置

（1）安装 OpenVPN 服务。
（2）开启路由转发功能。
（3）开启 NAT 转换功能。
（4）下载客户端证书及密钥文件。
（5）创建客户端配置文件。
（6）重新启动 OpenVPN 服务。
（7）测试 SSL VPN 连接。
（8）测试分公司内网计算机能否访问 WWW 服务器。
（9）测试总公司内网计算机能否访问 FTP 服务器。

10．VPN 客户机配置

（1）安装 OpenVPN-GUI 客户端工具。
（2）下载客户端证书和密钥文件。
（3）创建客户端配置文件。
（4）建立 OpenVPN 连接。
（5）验证 SSL VPN 连接。
（6）测试客户机能否访问公司内网 WWW 服务器。
（7）测试客户机能否访问公司内网 FTP 服务器。

思考练习

一、判断题

1．CentOS 的内核版本号是 2.6.32，其中 32 表示补丁的编号。（   ）
2．Linux 的发行版本很多，国内主要品种有红旗、中软、红帽子等 Linux 系统。（   ）
3．在 Windows 系统中用 Ping 命令测试两台计算机的连通性，而 Linux 系统中则用 Cping 命令测试两台计算机的连通性。（   ）

4. 修改 /etc/inittab 文件内容，将"id:3:initdefault"中的数字"3"改为"1"，使得 Linux 系统启动到图形界面。（   ）

5. Linux 中常用的浏览器有 Firefox、Chrome、Konqueror 等。（   ）

6. Linux 系统中 ifconfig 可查看网卡的 IP 地址，也可修改网卡的 IP 地址。（   ）

7. 启用路由转发，修改文件 /etc/sysctl.conf，将 net.ipv4.ip_forward=1 改成 net.ipv4.ip_forward=0。（   ）

8. 重新启动 PPTP VPN 服务器的命令是：service pptp restart。（   ）

9. 要实现 PPTP VPN 服务，系统中必须安装 PPP 服务。（   ）

10. 基于 Open VPN 服务所构建的 VPN 网络中，客户端需要通过"建立网络连接"来建立专用的 VPN 连接。（   ）

二、单项选择题

1. Linux 中的配置文件很多，主要集中存放在文件夹（   ）中。
A. /bin   B. /etc   C. /dev   D. /lib

2. Linux 系统中建立文件夹的命令是（   ）。
A. mkdir   B. mk   rmdir   D. rm

3. 保存防火墙配置的命令是（   ）。
A. save   B. iptables save   C. service iptables save   D. save iptables

4. 使用 iptables 命令清除所有 nat 策略的命令是（   ）。
A. iptables-X   B. iptables-X-t nat   C. iptables-F   D. iptables-F-t nat

5. 修改 PPTP Server 的配置选项命令为（   ）。
A. bind   B. name   C. netbios   D. dns

6. Open VPN 网络中创建 CA 证书的命令是（   ）。
A. build-key-server   B. build-server
C. build-ca   D. build-ca-server

7. 在 Open VPN 服务器主配置文件中，语句 local IP，其中 IP 地址指（   ）。
A. 服务器监听的 IP 地址   B. 分配给服务器的 IP 地址
C. 客户端的 IP 地址   D. 分配给客户机的 IP 地址

8. 在 Linux 下查看路由表的命令是（   ）。
A. route –a   B. route –n   C. route –v   D. route -c

三、多项选择题

1. Open VPN 网络 VPN 服务器需要安装下列哪些软件？（   ）
A. openssl   B. lzo   C. var   D. openvpn

2. PPTP VPN 网络中开启 NAT 转发所使用的链是哪一种？（   ）
A. INPUT   B. FORWARD   C. PREROUTING   D. POSTROUTING

3. PPTP VPN 网络 VPN 服务器需要用到哪三个配置文件？（   ）
A. /etc/ppp/options.pptpd   B. /etc/pptpd.conf
C. /etc/ppp.conf   D. /etc/ppp/chap-secrets

4. Open VPN 网络中客户端证书及密钥文件包括（　　）
A. CA 证书文件　　　　　　　　　B. 客户端证书文件
C. 客户端私钥文件　　　　　　　　D. 服务器端证书文件
5. Open VPN 网络中 Windows 客户端需要完成以下哪些配置？（　　）
A. 安装 Open VPN-GUI 客户端工具　　B. 配置客户端配置文件
C. IP 地址设置　　　　　　　　　　D. 安装 ppp 服务包

项目 4 基于路由器的VPN网络的组建

知识目标

- 了解VPN的工作原理及相关知识
- 掌握基于路由器VPN的基本配置

技能目标

- 用Cisco路由器构建GRE VPN
- 用Cisco路由器构建IPSec VPN
- 用Cisco路由器构建 GRE over IPSec VPN
- 用Cisco路由器构建SSL VPN

案例引入

北京的某总公司在广州设立了新的分公司，要求分公司能够访问总公司的各种网络资源，并要求分公司和总公司之间共享路由信息。该公司希望能通过VPN技术实现两个站点的数据传输。

根据案例分析，可引入以下4个学习任务。

任务 4-1：该公司决定采用 GRE VPN 技术，实现通过 Internet 进行路由信息和数据信息传输，有效地保证数据在 Internet 网络的传输。

任务 4-2：由于业务的扩展，该公司对数据的保护日益增强，希望能通过更安全的方式实现两个站点的数据传输，所以该公司决定采用 IPSec VPN 技术，更有效地保证了数据在 Internet 网络传输的安全性。

任务 4-3：由于总公司和分公司之间还需要共享路由信息，所以这家公司决定结合 IPSec 和 GRE 两种 VPN 技术，采用 GRE over IPSec VPN 技术，同时解决数据传输的安全性、有效性及共享路由信息等问题。

任务 4-4：该公司业务员小黄经常到外地出差，且需要随时随地和总公司网络总部联络，因此小黄很可能会使用不同的电脑。该公司不希望员工通过额外软件实现接入公司内网，决定采用 SSL VPN 技术，小黄通过一般的浏览器就可以安全地接入到公司内部网络。

项目4 基于路由器的VPN网络的组建

任务4-1　使用Cisco路由器构建GRE VPN

任务描述

北京总公司申请到一个公网地址为 128.126.1.1/24，内部地址为 192.168.1.0/24，广州分公司申请到的公网地址为 128.126.2.1/24，内部地址为 192.168.2.0/24。该公司通过 GRE 隧道实现路由信息和数据信息的共享。拓扑图如图 4-1 所示。

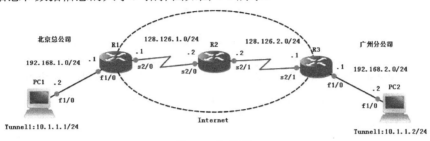

图4-1　拓扑图

相关知识

1．GNS3

GNS3 是基于思科真实的 IOS（互联网操作系统）来模拟实验环境的模拟器，因此它可以用于虚拟体验 Cisco 网际操作系统 IOS 或检验将要在真实的路由器上部署实施的相关配置。

下面介绍 GNS3 的具体安装过程及基础配置：

（1）双击 GNS3 安装文件。

（2）单击 Next 按钮，如图 4-2 所示。

（3）单击 I Agree 按钮，如图 4-3 所示。

图4-2　单击Next按钮

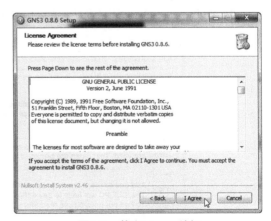

图4-3　单击I Agree按钮

（4）单击 Next 按钮，如图 4-4 所示。

（5）在选择组件页面，在这步推荐所有内容全选，基本上做实验时都会用到。继续单击 Next 按钮，如图 4-5 所示。

图4-4 单击Next按钮

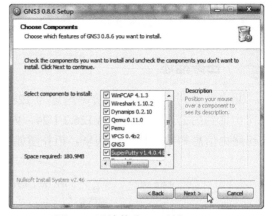
图4-5 继续单击Next按钮

（6）选择安装路径，然后单击 Install 按钮，如图 4-6 所示，之后的软件安装按默认配置即可，如图 4-7 所示。

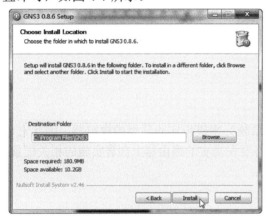
图4-6 单击Install按钮

图4-7 按默认配置

（7）至此，GNS3 已安装成功，如图 4-8 所示为初次进入 GNS3 进行基础配置。

图4-8 初次进入GNS3进行基础配置

（8）初次打开 GNS3 会弹出一个设置向导，按照它的流程配置即可。步骤 Step1～Step3 如图 4-9～图 4-11 所示。

项目4 基于路由器的VPN网络的组建

图4-9　Step1

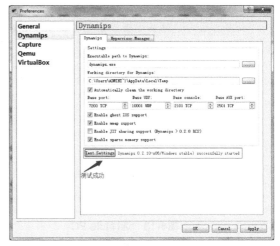

图4-10　Step2

图4-11　Step3

（9）至此，三个设置向导的步骤都完成了，现在可以正常启动路由器，如图4-12所示。

图4-12　正常启动路由器

（10）启动路由器后，CPU使用率会异常的高，因为之前还没有计算Idle PC值。此时，应该在路由器上单击鼠标右键，选择Idle PC命令，直至计算出有"*"号的值，如图4-13、图4-14所示。

81

图4-13　选择Idle PC　　　　　　　图4-14　计算出有"*"号的值

每一种型号的路由器都只需计算一遍 Idle PC 的值，以后可以直接使用。

（11）GNS3 中有两种模拟交换机的方法，方法一为直接将里面提供的交换机模块移动到工作区，它起到连通的作用。方法二为用路由器模拟交换机，在路由器里加上交换模块，如图 4-15 所示。选择交换模块如图 4-16 所示。

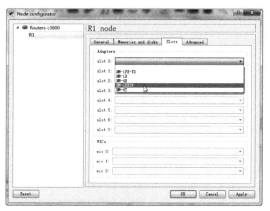

图4-15　加上交换模块　　　　　　　图4-16　选择交换模块

（12）使用 Cloud 功能将 GNS3 与 VMware 连通起来，此功能能模拟真实的 PC 机。
①把 Cloud 拖到工作区，如图 4-17 所示。②选择需要连接的网卡，如图 4-18 所示。

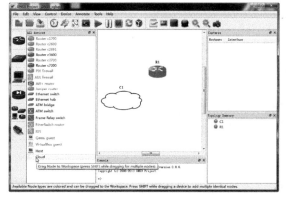

图4-17　将Cloud拖到工作区　　　　　图4-18　选择需要连接的网卡

项目4 基于路由器的VPN网络的组建

③单击 Add 按钮，如图 4-19 所示。增加网卡，单击 OK 按钮保存。④将路由器和 Cloud 连接起来即可，如图 4-20 所示。

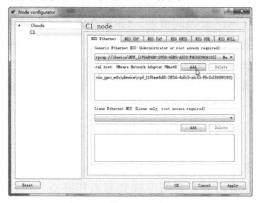

图4-19 单击Add按钮

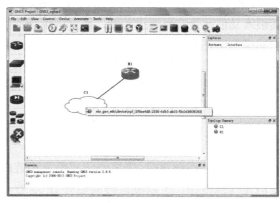

图4-20 将路由器和Cloud连接起来

⑤此时，给路由器和 VMware 配上 IP 地址即可连通，如图 4-21 所示。⑥选择对应的网卡，如图 4-22 所示。

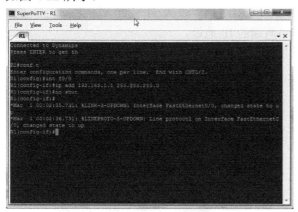

图4-21 给路由器和VMware配上IP地址

图4-22 选择对应的网卡

⑦配置客户机地址，如图 4-23 所示。⑧可以 Ping 通路由器，如图 4-24 所示。

图4-23 配置客户机地址

图4-24 可以Ping通路由器

2. GRE 概述

GRE 是一种通用路由封装协议（Generic Routing Encapsulation，GRE），属于第三隧道协议。其根本功能就是实现隧道功能，通过隧道连接的两个网络就如同直连，GRE 在两个远程网络之间模拟出直连链路，从而使网络间达到直连的效果。GRE 通过路由封装定义了在任意一种网络层协议上，封装任意一个其他网络层协议工作机制，是一个在网络层之间传输数据包的通道协议。就是说，GRE 是对某些网络层协议的数据包进行封装，使这些被封装的数据包能够在另一个网络层协议中安全传输。

3. GRE 工作原理

GRE 在实现隧道时，需要创建虚拟直连链路，GRE 实现的虚拟直连链路可以认为是隧道。隧道是模拟链路，所以隧道两端也有 IP 地址，但隧道需要在公网中找到起点和终点，所以隧道的源和终点分别都以公网 IP 地址结尾，该链路是通过 GRE 协议来完成的，隧道传递数据包的过程分为 3 步，如图 4-25 所示。

（1）接收原始 IP 数据包当作乘客协议，原始 IP 数据包包头的 IP 地址为私有 IP 地址。

（2）将原始 IP 数据包封装进 GRE 协议，GRE 协议称为封装协议（Encapsulation Protocol），封装的包头 IP 地址为虚拟直连链路两端的 IP 地址。

（3）将整个 GRE 数据包当作数据，在外层封装公网 IP 包头，也就是隧道的起源和终点，从而路由到隧道终点。

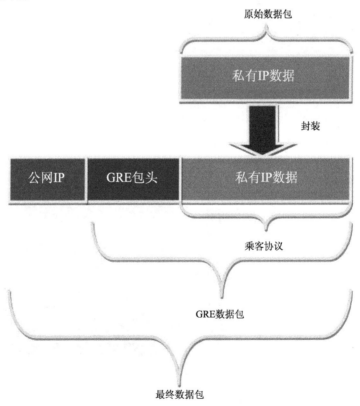

图4-25　隧道传递数据包的过程

GRE 隧道技术的应用范围如下：
（1）多协议本地网中数据需要通过单一协议骨干网传输。
（2）扩大包含跳数受限协议（如 RIP）的网络的工作范围。
（3）将一些不能连续的子网连接起来，组建 VPN。

 任务操作

1. 配置 Internet 路由器 R2（这里直接给出操作命令，下同）

```
R2#conf t
R2(config)#int    s2/0
R2(config-if)#ip add 128.126.1.2 255.255.255.0
R2(config-if)#no shut
R2(config-if)#int s2/1
R2(config-if)#ip add 128.126.2.2 255.255.255.0
R2(config-if)#no shut
```

2. 配置 R1 与 R3 的 Internet 连通性

（1）配置路由器 R1

```
R1#conf t
R1(config)#int s2/0
R1(config-if)#ip add 128.126.1.1 255.255.255.0
R1(config-if)#no shut
R1(config-if)#int f1/0
R1(config-if)#ip add 192.168.1.1 255.255.255.0
R1(config-if)#no shut
R1(config-if)#exit
R1(config)#ip route 0.0.0.0 0.0.0.0 128.126.1.2
```

（2）配置路由器 R3

```
R3#conf t
R3(config)#int s2/0
R3(config-if)#ip add 128.126.2.1 255.255.255.0
R3(config-if)#no shut
R3(config-if)#int f1/0
R3(config-if)#ip add 192.168.2.1 255.255.255.0
R3(config-if)#no shut
R3(config-if)#exit
R3(config)#ip route 0.0.0.0 0.0.0.0 128.126.2.2
```

3. 配置 R1 与 R3 的 GRE 隧道

（1）配置路由器 R1

```
R1(config)#int tunnel 1
R1(config-if)#ip add 10.1.1.1 255.255.255.0
R1(config-if)#tunnel source s2/0                        //配置隧道的源端口或源地址
R1(config-if)#tunnel destination 128.126.2.1            //配置隧道的目的地址
R1(config-if)#tunnel key 1234567                        //配置隧道验证密钥
R1(config-if)#exit
```

（2）配置路由器 R3

```
R3(config)#int tunnel 1
R3(config-if)#ip add 10.1.1.2 255.255.255.0
R3(config-if)#tunnel source s2/1                        //配置隧道的源端口或源地址
R3(config-if)#tunnel destination 128.126.1.1            //配置隧道的目的地址
R3(config-if)#tunnel key 1234567                        //配置隧道验证密钥
R3(config-if)#exit
```

四、在 R1、R3 上启用 RIPv2 路由协议

（1）配置路由器 R1

```
R1(config)#router rip
R1(config-router)#net 192.168.1.0          //在内部端口启用 RIPv2
R1(config-router)#net 10.0.0.0             //在 GRE 隧道端口启用 RIPv2
R1(config-router)#ver 2
R1(config-router)#no auto-summary
R1(config-router)#exit
```

（2）配置路由器 R3

```
R3(config)#router rip
R3(config-router)#net 192.168.2.0          //在内部端口启用 RIPv2
R3(config-router)#net 10.0.0.0             //在 GRE 隧道端口启用 RIPv2
R3(config-router)#ver 2
R3(config-router)#no auto-summary
R3(config-router)#exit
```

5. 配置 PC1 与 PC2（注：此实验用路由器模拟 PC 机）

（1）配置 PC1

```
PC1#conf t
PC1(config)#int f1/0
PC1(config-if)#ip add 192.168.1.2 255.255.255.0      //配置 PC 机的 IP 地址及掩码
```

```
PC1(config-if)#no shut
PC1(config-if)#exit
PC1(config)#no ip routing                              //关闭路由功能
PC1(config)#ip default-gateway 192.168.1.1             //配置PC机网关
```

(2)配置PC2

```
PC2#conf t
PC2(config)#int f1/0
PC2(config-if)#ip add 192.168.2.2 255.255.255.0    //配置PC机的IP地址及掩码
PC2(config-if)#no shut
PC2(config-if)#exit
PC2(config)#no ip routing                              //关闭路由功能
PC2(config)#ip default-gateway 192.168.2.1             //配置PC机网关
```

6. 验证测试

```
R1#show int tunnel 1
  Tunnel1 is up, line protocol is up
  Hardware is Tunnel
  Internet address is 10.1.1.1/24
  MTU 17912 bytes, BW 100 Kbit/sec, DLY 50000 usec,  reliability 255/255,
txload 1/255, rxload 1/255
  Encapsulation TUNNEL, loopback not set
  Keepalive not set
  Tunnel source 128.126.1.1 (Serial2/0), destination 128.126.2.1
  Tunnel Subblocks:
    src-track:
      Tunnel1 source tracking subblock associated with Serial2/0
       Set of tunnels with source Serial2/0, 1 member (includes iterators), on
interface <OK>
  Tunnel protocol/transport GRE/IP
  Key 0x12D687, sequencing disabled
  Checksumming of packets disabled
  Tunnel TTL 255, Fast tunneling enabled
  Tunnel transport MTU 1472 bytes
  Tunnel transmit bandwidth 8000 (kbps)
  Tunnel receive bandwidth 8000 (kbps)
  Last input 00:00:17, output 00:00:09, output hang never
  Last clearing of "show interface" counters never
  Input queue: 0/75/0/0 (size/max/drops/flushes); Total output drops: 0
  Queueing strategy: fifo
  Output queue: 0/0 (size/max)
  5 minute input rate 0 bits/sec, 0 packets/sec
  5 minute output rate 0 bits/sec, 0 packets/sec
     42 packets input, 4512 bytes, 0 no buffer
     Received 0 broadcasts, 0 runts, 0 giants, 0 throttles
```

```
     0 input errors, 0 CRC, 0 frame, 0 overrun, 0 ignored, 0 abort
     120 packets output, 10512 bytes, 0 underruns
     0 output errors, 0 collisions, 0 interface resets
     0 unknown protocol drops
     0 output buffer failures, 0 output buffers swapped out
R1#sh ip route
Codes: L - local, C - connected, S - static, R - RIP, M - mobile, B - BGP
       D - EIGRP, EX - EIGRP external, O - OSPF, IA - OSPF inter area
       N1 - OSPF NSSA external type 1, N2 - OSPF NSSA external type 2
       E1 - OSPF external type 1, E2 - OSPF external type 2
       i - IS-IS, su - IS-IS summary, L1 - IS-IS level-1, L2 - IS-IS level-2
       ia - IS-IS inter area, * - candidate default, U - per-user static route
       o - ODR, P - periodic downloaded static route, + - replicated route

Gateway of last resort is 128.126.1.2 to network 0.0.0.0

S*   0.0.0.0/0 [1/0] via 128.126.1.2
     10.0.0.0/8 is variably subnetted, 2 subnets, 2 masks
C       10.1.1.0/24 is directly connected, Tunnel1
L       10.1.1.1/32 is directly connected, Tunnel1
     128.126.0.0/16 is variably subnetted, 2 subnets, 2 masks
C       128.126.1.0/24 is directly connected, Serial2/0
L       128.126.1.1/32 is directly connected, Serial2/0
     192.168.1.0/24 is variably subnetted, 2 subnets, 2 masks
C       192.168.1.0/24 is directly connected, FastEthernet1/0
L       192.168.1.1/32 is directly connected, FastEthernet1/0
R    192.168.2.0/24 [120/1] via 10.1.1.2, 00:00:20, Tunnel1
```

PC1 上 ping PC2：

```
PC1#ping 192.168.2.2

Type escape sequence to abort.
Sending 5, 100-byte ICMP Echos to 192.168.2.2, timeout is 2 seconds:
!!!!!
Success rate is 100 percent (5/5), round-trip min/avg/max = 56/68/80 ms
```

在 PC1 上跟踪数据包：

```
PC1#traceroute 192.168.2.2

Type escape sequence to abort.
Tracing the route to 192.168.2.2

  1 192.168.1.1 40 msec 36 msec 8 msec
  2 10.1.1.2 48 msec 56 msec 60 msec
  3 192.168.2.2 44 msec 56 msec 76 msec
```

注意事项

（1）GRE 隧道两端的密钥要匹配。

（2）隧道两端的源和目的地址相互对应，即 R1 的源地址为 R2 的目的地址，R2 的源地址为 R1 的目的地址。

（3）需要在 Tunnel 接口启用路由协议，而非连接 Internet 的接口。

 任务拓展——GRE keepalive

1. GRE keepalive 概述

如果 GRE 隧道的接口状态要为 down，只要满足如下 3 个条件中任意一个条件即可：
（1）没有去往隧道终点地址的路由。
（2）去往隧道终点地址的路由指向了隧道接口自己。
（3）隧道起源地址的接口状态为 down。

由于 GRE 隧道是完全静态的，每个隧道端点都不会与对端有任何交流数据包，每个端点都不保留对端的信息和状态，所以最终结果造成无论对端是否可达或接口已经 down，本端都无法知道本端 line protocol 应该是 up 还是 down，从而无法使双方的隧道接口状态保持一致。

为了解决上述问题，GRE 隧道采用在隧道双方交换 hello 包的机制来使双方接口状态保持一致，这种机制称为 GRE keepalive，隧道之间定期向对端发送 keepalive，在超过指定的时间没有收到对端的回应，便认为对端已失效，从而将本端的 line protocol 状态变为 down。

2. 在 R1 的隧道接口上配置 GRE keepalive

```
R1(config)#int tunnel 1
R1(config-if)#keepalive 5 3
```

配置了 keepalive 的发送间隔为 5 秒，连续 3 个包，即 15 秒没有收到回应但认为对端失效；默认配置参数为 10 秒，连续 3 个包，即 30 秒没有收到回应但认为对端失效。

中断对端路由器 R3 的 GRE 隧道接口，观察 R1 本端的隧道接口状态。

```
R3(config)#int tunnel 1
R3(config-if)#shutdown
R3(config-if)#
 *Mar 18 16:26:31.411: %LINK-5-CHANGED: Interface Tunnel1, changed state to administratively down
 *Mar 18 16:26:31.415: %LINEPROTO-5-UPDOWN: Line protocol on Interface Tunnel1, changed state to down

 R1#
 *Mar 18 16:27:05.415: %LINEPROTO-5-UPDOWN: Line protocol on Interface Tunnel1, changed state to down
```

项目实训

[实训题]

通过 GNS3 搭建网络实验平台,实验拓扑图如图 4-26 所示,在 R1 与 R2 之间采用 GRE VPN 技术,实现两路由器之间的路由信息共享,并且 PC1 能够 Ping 通 PC2。

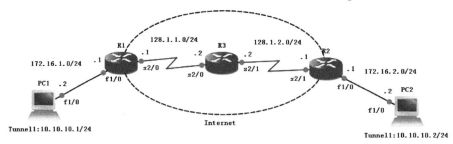

图4-26 实验拓扑图

[实训目的]

(1) 熟练运用 GNS3 构建实验平台。
(2) 掌握 GRE VPN 的基本配置。
(3) 了解 GRE VPN 的工作机制。

[实训条件]

(1) 在 Windows 系统中安装 GNS3 软件。
(2) 加载 3600 系列路由器的 IOS。

[实训步骤]

1. 配置 Internet 路由器 R3

接口配置 IP 地址即可,不必加入任何路由。

2. 配置 R1 与 R2 的 Internet 连通性

在 R1 与 R2 上各配置一条默认路由即可。

3. 配置 R1 与 R2 的 GRE 隧道

注意 R1 与 R2 上的密钥一定要匹配。

4. 在 R1、R2 上启用 RIPv2 路由协议

在内部端口和隧道端口上运用 RIPv2 即可。

5. 配置 PC1 与 PC2

用路由器模拟 PC 机。

6．验证测试

在特权模式下使用 show int tunnel 1 查看隧道状态，以及使用 tracert 命令跟踪路由走向，测试隧道是否起到作用。

任务4-2　使用Cisco路由器构建IPSec VPN

任务描述

如图 4-27 所示，该公司由于业务逐渐扩大，对数据保密性需求同时也增强，仅应用 GRE VPN 来传输数据远远达不到要求。该公司决定使用 IPSec VPN 这个解决方案，实现更安全、更有效的数据传输。最终实现北京总公司与广州分公司两个网络之间通过 IPSec VPN 隧道穿越互联网来进行通信。

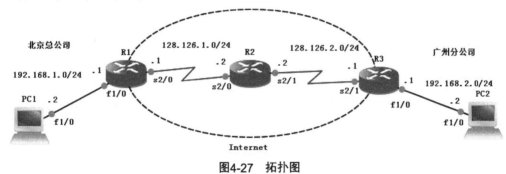

图4-27　拓扑图

相关知识

1．IPSec 概述

IPSec（Internet Protocol Security）是一套安全体系架构，它能起到的功能是数据源认证（Data Origin Authentication）、保护数据完整性（Data Integrity）、保证数据私密性（Data Confidentiality）、防止中间人攻击（Man-in-the-Middle），以及 防止数据被重放（Anti-Replay）。然而，IPSec 本身并不是一种协议，IPSec 只是定义了使用什么样的方法来管理相互之间的认证和使用什么样的方法来保护数据，就如同 OSI（Open System Interconnect）参考模型一样，只是一个框架、一个模型，OSI 包含多个协议，如 UDP、IP、ICMPTCP 等。同样，IPSec 也包含各种协议为之服务。

为 IPSec 服务的总共有三个协议：IKE（Internet Key Exchange）、ESP（Encapsulating Security Protocol）和 AH（Authentication Header）。虽然是三个协议，但是总体来说分为两类。IKE 针对密钥传输、交换及存储过程中的安全，它并不对用户的实际数据进行操作。ASP 和 AH 主要的工作则是如何加密数据，是直接针对用户数据进行操作的。

2．IKE 概述以及相关的认证（Authentication）

IKE 属于一种混合型协议，由 Internet 安全关联、密钥管理协议（ISAKMP）和两种密钥交换协议 OAKLEY 与 SKEME 组成。

IKE 的认证机制产生在 VPN 对等体之间，认证可以有效地确保会话是来自于真正的对等体而不是第三方攻击者。这样的认证机制非常重要，否则之后所建立的所有工作都白费了。IKE 的认证方式有如下三种：

- Pre-Shared Keys (PSK)
- Public Key Infrastructure (PKI) using X.509 Digital Certificates
- RSA encrypted nonce

虽然 IKE 使用了认证来保证会话一定来自合法的对等体，但是单靠认证无法保证密钥的安全，数据还是有可能被攻击者捕获，所以 IKE 还需要一套机制来保护密钥的安全。IKE 采用了 Diffie-Hellman 的算法，该算法运用了极为复杂的数学算法，因此只有对等体之间才能知道密钥，即使数据被攻击者捕获，也无法推算出密钥。

Diffie-Hellman 算法有 3 种密钥长度可选：

- Group 1 密钥长度为768 bit；
- Group 2 密钥长度为1024 bit；
- Group 5 密钥长度为1536 bit。

3．ESP（Encapsulating Security Protocol）

ESP（Encapsulating Security Protocol）的主要工作是保护数据安全，对数据加密。ESP 对数据的封装过程如图 4-28 所示。

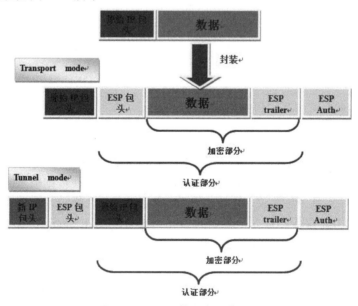

图4-28　ESP对数据的封装过程

（注：IPSec mode分为Transport和Tunnel，Transport是指IPSec只做数据保护功能，而Tunnel则是指IPSec既实现数据加密，也实现隧道功能。本节仅讨论Tunnel模式。）

ESP 包头中使用 IP 协议号为 50 作为标识，从图中还可以看出，原始数据包经过 ESP 封装之后，只是数据被加密了，而原始的 IP 包头没有改变，虽然如此，但也会使用其他方式，如 HMAC 来保证数据的安全性。

4．AH（Authentication Header）

AH 封装数据包的过程如图 4-29 所示。

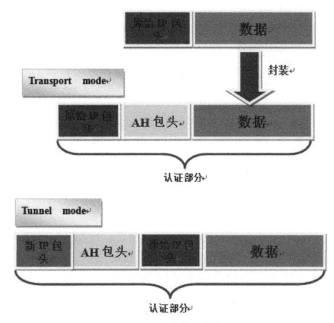

图4-29　AH封装数据包的过程

（注：IPSec mode分为Transport和Tunnel，Transport是指IPSec只做数据保护功能，而Tunnel则是指IPSec既实现数据加密，也实现隧道功能。本节仅讨论Tunnel模式。）

AH 包头中使用 IP 协议号 51 来标识。从图中可以发现，AH 封装数据包，并没有加密，而是采用隐藏数据的方法，就好比把一些需要保密的数据放进一个加了保密条的信封里面。这样简直就是"此地无银三百两"，对于一些保密要求高的用户来说，千万不要单独使用 AH 来加密数据。

（1）Transform Set

虽然 ESP 和 AH 都可以对数据进行封装，但是定义哪些算法封装数据还得需要一种规范。Transform Set 则定义了数据该受到何种等级的保护。它是一组算法的集合，定义了使用怎样的算法加密数据。

（2）Crypto Map

Crypto Map 主要实现的功能是选择需要加密处理的数据，定义数据加密的策略及数据发往的对端。Crypto Map 分为静态（static）MAP 和动态（dynamic）MAP。它们之间的区别可以概括为数据发往的对端是否固定。动态（dynamic）MAP，其数据发往的对端是不固定的，即隧道存在时，隧道的另一端是不固定的，但是源端还是自己。

VPN及安全验证技术

 任务操作

1. 配置 Internet 路由器 R2

```
R2#conf t
R2(config)#int    s2/0
R2(config-if)#ip add 128.126.1.2 255.255.255.0
R2(config-if)#no shut
R2(config-if)#int s2/1
R2(config-if)#ip add 128.126.2.2 255.255.255.0
R2(config-if)#no shut
```

2. 配置 R1 与 R3 的 Internet 连通性

（1）配置路由器 R1

```
R1#conf t
R1(config)#int s2/0
R1(config-if)#ip add 128.126.1.1 255.255.255.0
R1(config-if)#no shut
R1(config-if)#int f1/0
R1(config-if)#ip add 192.168.1.1 255.255.255.0
R1(config-if)#no shut
R1(config-if)#exit
R1(config)#ip route 0.0.0.0 0.0.0.0 128.126.1.2
```

（2）配置路由器 R3

```
R3#conf t
R3(config)#int s2/0
R3(config-if)#ip add 128.126.2.1 255.255.255.0
R3(config-if)#no shut
R3(config-if)#int f1/0
R3(config-if)#ip add 192.168.2.1 255.255.255.0
R3(config-if)#no shut
R3(config-if)#exit
R3(config)#ip route 0.0.0.0 0.0.0.0 128.126.2.2
```

3. 部署 IPSec VPN

1）配置路由器 R1

（1）配置 IKE（ISAKMP）策略

```
R1(config)#crypto isakmp policy 1        // 定义了 ISKAMP policy 1
R1(config-isakmp)#encryption  3des       // 加密方式为 3DES
R1(config-isakmp)#hash sha               //HASH 算法为 SHA
```

```
R1(config-isakmp)#authentication pre-share   // 认证方式为 pre-share
R1(config-isakmp)#group 2                    // 密钥算法(Diffie-Hellman)
为 group 2
R1(config-isakmp)#exit
```

（2）配置 IKE 预共享密钥，认证标识

```
R1(config)#crypto isakmp key 0 gdmec address 128.126.2.1        //定义了 PRE-
SHARE 方式认证，所以这里要配置认证密码。这里定义了 PEER 为 128.126.2.1，密码为 gdmec。
```

（3）配置 tranform-set

```
R1(config)#crypto IPSec transform-set gdmec1202 esp-3des esp-sha-hmac
R1(cfg-crypto-trans)#mode tunnel
R1(cfg-crypto-trans)#exit
// 定义了 tranform-set 为 gdmec1202，数据封装使用 ESP 加 3DES，并且使用 ESP 和 SHA 做
HASH 运算。模式为 Tunnel。
```

（4）定义需要通过 IPSec 隧道的流量

```
R1(config)#access-list 100 permit ip 192.168.1.0 0.0.0.255 192.168.2.0
0.0.0.255
```

（5）创建 crypto map

```
R1(config)#crypto map gdmec16 1 IPSec-isakmp// 定义 map 为 gdmec16  序号为 1
R1(config-crypto-map)#set peer 128.126.2.1              // 定义数据发送对端的
IP 为 128.126.2.1
R1(config-crypto-map)#set transform-set gdmec1202  //调用 tranform 为 gdmec1202
R1(config-crypto-map)#match address 100                 // 指定需要保护的数据
流量，ACL 100
R1(config-crypto-map)#exit
```

（6）将 crypto map 应用到接口上

```
R1(config)#int s2/0                          // 应用于外部端口
R1(config-if)#crypto map gdmec16
R1(config-if)#exit
```

2）配置路由器 R3

（1）配置 IKE（ISAKMP）策略

```
R3(config)#crypto isakmp policy 1
R3(config-isakmp)#encryption 3des
R3(config-isakmp)#hash sha
R3(config-isakmp)#authentication pre-share
R3(config-isakmp)#group 2
R3(config-isakmp)#exit
```

（2）配置 IKE 预共享密钥，认证标识

```
R3(config)#crypto isakmp key 0 gdmec address 128.126.1.1
```

（3）配置 tranform-set

```
R3(config)#crypto IPSec transform-set gdmec1202 esp-3des esp-sha-hmac
R3(cfg-crypto-trans)#mode tunnel
R3(cfg-crypto-trans)#exit
```

（4）定义需要通过 IPSec 隧道的流量

```
R3(config)#access-list 100 permit ip 192.168.2.0 0.0.0.255 192.168.1.0 0.0.0.255
```

（5）创建 crypto map

```
R3(config)#crypto map gdmec16 1 IPSec-isakmp
R3(config-crypto-map)#set peer 128.126.1.1
R3(config-crypto-map)#set transform-set gdmec1202
R3(config-crypto-map)#match address 100
R3(config-crypto-map)#exit
```

（6）将 crypto map 应用到接口上

```
R3(config)#int s2/1                              //应用于外部端口
R3(config-if)#crypto map gdmec16
R3(config-if)#exit
```

4．配置 PC1、PC2

（1）配置 PC1

```
PC1#conf t
PC1(config)#int f1/0
PC1(config-if)#ip add 192.168.1.2 255.255.255.0    //配置 PC 机的 IP 地址及掩码
PC1(config-if)#no shut
PC1(config-if)#exit
PC1(config)#no ip routing                          //关闭路由功能
PC1(config)#ip default-gateway 192.168.1.1         //配置 PC 机网关
```

（2）配置 PC2

```
PC2#conf t
PC2(config)#int f1/0
PC2(config-if)#ip add 192.168.2.2 255.255.255.0    //配置 PC 机的 IP 地址及掩码
PC2(config-if)#no shut
PC2(config-if)#exit
PC2(config)#no ip routing                          //关闭路由功能
PC2(config)#ip default-gateway 192.168.2.1         //配置 PC 机网关
```

5．验证测试

PC1 Ping PC2：

```
PC1#ping 192.168.2.1

Type escape sequence to abort.
Sending 5, 100-byte ICMP Echos to 192.168.2.1, timeout is 2 seconds:
!!!!!
Success rate is 100 percent (5/5), round-trip min/avg/max = 48/80/96 ms
```

查看 R1 上的 crypto map：

```
R1#sh crypto map
Crypto Map "gdmec16" 1 IPSec-isakmp
Peer = 128.126.2.1
Extended IP access list 100
access-list 100 permit ip 192.168.1.0 0.0.0.255 192.168.2.0 0.0.0.255
Current peer: 128.126.2.1
Security association lifetime: 4608000 kilobytes/3600 seconds
Responder-Only (Y/N): N
PFS (Y/N): N
Transform sets={
gdmec1202: { esp-3des esp-sha-hmac } ,
}
Interfaces using crypto map gdmec16:
Serial2/0

//crypto map 显示了指定加密数据发往的对端为 128.126.2.1，调用的 IPSec transform 为
gdmec1202，并且指定 ACL 100 中的流量为被保护的流量。
```

跟踪路由的走向：

```
PC1#traceroute 192.168.2.2
Type escape sequence to abort.
Tracing the route to 192.168.2.2
 1 192.168.1.1 msec 120 msec 28 msec
 2 * * *
 3 192.168.2.2 392 msec * 312 msec
// 数据包到达目的地后，可以看出，只经过了一跳，说明中间的多跳被隧道取代了。
```

 任务拓展——测试NAT对IPSec VPN的影响

NAT 是为了缓解日益紧张的 Internet 公网地址缺乏的问题，从而采用一种将内部私有地址映射到外部公网 IP 地址的技术。然而 IPSec 的设计目的却是保证数据的真实性和完整性，采用加密、摘要等算法来防止数据被恶意修改。可以看出，IPSec 和 NAT 在设计思想上是矛盾的。那么接下来就测试一下事实是否如此。

在 R1 上配置 NAT：

```
R1(config) #int f1/0
R1(onfig-if)#ip nat inside
R1(onfig-if)#exit
R1(config) #int s2/0
R1(onfig-if)#ip nat outside
R1(onfig-if)#exit
R1(config)#access-list 1 permit any
R1(config)#ip nat inside source list 1 interface s2/0 overload
```

PC1 Ping PC2：
```
PC1#ping 192.168.2.2
Type escape sequence to abort.
Sending 5, 100-byte ICMP Echos to 192.168.2.2, timeout is 2 seconds:
U.U.U.U
Success rate is 0 percent (0/5)
```
结果是 PC1 Ping 不通 PC2，说明 IPSec 流量是穿越不了 NAT 的。那么，NAT 与 IPSec 是否能兼容呢？这里，我们引入 NAT-T 技术，即 NAT 穿越（NAT Traversal）。它的基本原理是这样的，将 ESP 协议包封装到 UDP 包中（在原 ESP 协议的 IP 包头外添加新的 IP 头和 UDP 头）。使得 NAT 对待它就像对待一个普通的 UDP 包一样。而且支持 ESP 的传输模式。

配置方法如下：
```
crypto isakmp nat-traversal 20  ，缺省 keepalives 时间 20 秒
```
该方法导致双方最终使用 udp 4500 端口通信，支持 Client、L2L 两种方式。缺省是被禁用的。

项目实训

[实训题]

如图 4-30 所示，PC1 与 PC2 之间需要直接使用私有地址来通信，R2 相当于 Internet 路由器，R2 负责 R1 与 R3 的通信即可，不配置任何路由，即 R2 不能拥有 PC1 与 PC2 的网段。通过配置 IPSec VPN，最终实现 PC1 与 PC2 通过 IPSec 隧道穿越没有路由的 R2 来进行通信。

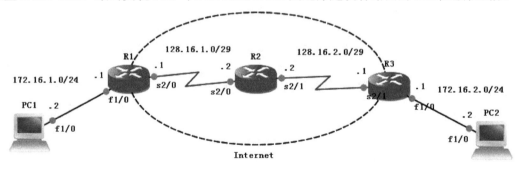

图4-30　拓扑图

[实训目的]

（1）掌握 GNS3 构建实验拓扑。
（2）掌握 IPSec VPN 的配置步骤。
（3）了解 IPSec 隧道的建立过程。

[实训条件]

（1）在 Windows 系统中安装 GNS3 软件。
（2）在 GNS3 中加载 7200 系列的 IOS。

[实训步骤]

1. 按照拓扑图连接好设备

注意要给路由器先加模块再启动。

2. 配置 Internet 路由器 R2

只给接口配上地址即可。

3. 配置 R1 与 R3 的 Internet 连通性

要配置默认路由指向下一跳。

4. 部署 IPSec VPN（R1 与 R3 相同配置步骤）

（1）配置 IKE（ISAKMP）策略。
（2）配置 IKE 预共享密钥，认证标识。
（3）配置 tranform-set。
（4）定义需要通过 IPSec 隧道的流量。
（5）创建 crypto map。
（6）将 crypto map 应用到接口上。

5. 配置 PC1 与 PC2

用路由器模拟 PC 机。

6. 验证测试

使用 sh crypto map 及 tracerroute 等命令验证。

任务4-3　使用Cisco路由器构建GRE over IPSec VPN

 任务描述

由于北京总公司和广州分公司规模壮大了，内部私有网段甚多，要实现路由信息共享，仅仅运行 IPSec VPN 是不现实的。现公司决定采用 GRE over IPSec VPN 技术，不仅能对数据加密，还能实现路由信息共享、VPN 隧道功能，如图 4-31 所示。

VPN及安全验证技术

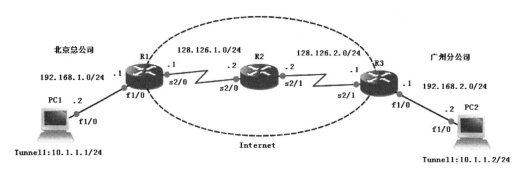

图4-31 拓扑图

 相关知识

IPSec VPN 的应用范围十分有限,尤其对于网络结构较为复杂的公司,总公司与分公司之间都希望通过某些动态路由协议来交换路由信息。可是当两端都通过穿越 Internet 建立 IPSec 隧道时,也只能通过 ACL 匹配感兴趣的流量流向指定对端的网段,不能启用动态路由协议。原因有如下两个:

① 通过上节配置可清晰地知道,IPSec 隧道的地址是原本的公网地址,而公网地址根本不可能在同一网段,可以想象得到,两端的路由器 IP 地址都不在同一网段,要建立动态路由协议邻居关系的可能性很低。IPSec 建立的隧道是逻辑的隧道,没有点对点连接的功能。

② IPSec 隧道只支持 IP 单播,不支持组播,所以 IGP 路由协议的流量根本不可能穿越 IPSec 隧道。

为了解决上述问题,先来了解一下 IPSec 两种工作模式,Tunnel mode 和 Transport mode。

(1) Tunnel mode(默认)

通过 Internet 互访的两个网络之间,都希望能通过私有地址来通信,但是私有 IP 地址到达公网后就会被丢弃。要使私有地址的 IP 数据包能通过 Internet 传递,必须在数据包上打上公网 IP 包头。IPSec 中的 Tunnel mode 则拥有这样的功能,它将数据包的私有 IP 包头先隐藏起来,再封装上公网 IP,等数据包通过 Internet 到达另一端的边界路由器后,再由该路由器剥除该公网 IP 包头,从而发现私有 IP,最终通向目标。

Tunnel mode 封装数据包的过程如图 4-32 所示。

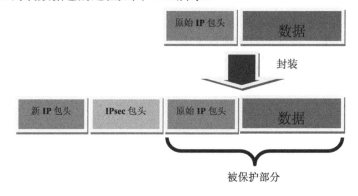

图4-32 Tunnel mode封装数据包的过程

从图 4-32 中可以看出，Tunnel 模式被认为更安全，因为原始数据包的所有内容，包括数据部分，以及源 IP 地址、目标 IP 地址都被加密了。

（2）Transport mode

当 IPSec 不需要实现隧道功能，而只是实现保护数据安全的功能时，就会工作在 Transport mode 模式下。Transport 模式没有隧道功能，所以要结合其他隧道协议来完成整个 VPN 功能。Transport mode 封装数据的过程如图 4-33 所示。

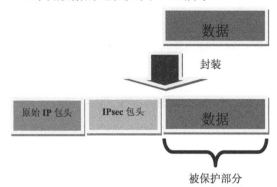

图4-3　Transport mode封装数据的过程

从图 4-33 中可以看出，当 IPSec 工作在此模式时，IPSec 包头是被加在原始 IP 包头与上层协议之间的，原始 IP 包头在传输过程中还是可见的。也因为如此，原始的 IP 包头在最外面，所以这个数据包无法通过 Internet 传输到另一端。如果要实现完整的 VPN 功能，此模式的 IPSec 就要配合 GRE over IPSec 来使用。

通过以上的表述，我们简单地了解了 IPSec 的两种工作模式，回归正题，在使用 IPSec 建立 VPN 的两个网络之间，要运作 IGP 路由协议十分困难，但并不是不可以实现。可以只使用 IPSec 保护数据安全的功能，然后引入其他隧道协议（如 GRE），这样就可以有效地打破 IPSec 的局限性，从而利用其他隧道技术的能力在 VPN 之间使用动态路由协议。

很明显，在此更提倡使用 GRE 隧道协议，它完全能满足要求，不仅提供 IP 组播和动态路由协议传递的功能，还能使用 IPSec 功能来保护数据安全，隧道两端的 IP 地址还是同一网段的，使得 IGP 路由协议更加稳定。这种结合称为 GRE over IPSec。

有一个小细节需要注意，在 GRE over IPSec 的情况下，IPSec 的两种工作模式都是被允许的，网络都可以正常互访，但 Transport 模式有时会有局限性，所以我们还是保持使用 Tunnel 模式。

任务操作

1. 配置 Internet 路由器 R2

```
R2#conf t
R2(config)#int    s2/0
R2(config-if)#ip add 128.126.1.2 255.255.255.0
R2(config-if)#no shut
R2(config-if)#int s2/1
R2(config-if)#ip add 128.126.2.2 255.255.255.0
R2(config-if)#no shut
```

2. 配置 R1 与 R3 的 Internet 连通性

（1）配置路由器 R1

```
R1#conf t
R1(config)#int s2/0
R1(config-if)#ip add 128.126.1.1 255.255.255.0
R1(config-if)#no shut
R1(config-if)#int f1/0
R1(config-if)#ip add 192.168.1.1 255.255.255.0
R1(config-if)#no shut
R1(config-if)#exit
R1(config)#ip route 0.0.0.0 0.0.0.0 128.126.1.2
```

（2）配置路由器 R3

```
R3#conf t
R3(config)#int s2/0
R3(config-if)#ip add 128.126.2.1 255.255.255.0
R3(config-if)#no shut
R3(config-if)#int f1/0
R3(config-if)#ip add 192.168.2.1 255.255.255.0
R3(config-if)#no shut
R3(config-if)#exit
R3(config)#ip route 0.0.0.0 0.0.0.0 128.126.2.2
```

3. 部署 IPSec

1）配置路由器 R1

（1）配置 IKE（ISAKMP）策略

```
R1(config)#crypto isakmp policy 1
R1(config-isakmp)#encryption 3des
R1(config-isakmp)#hash sha
R1(config-isakmp)#authentication pre-share
R1(config-isakmp)#group 2
R1(config-isakmp)#exit
```

（2）配置 IKE 预共享密钥，认证标识

```
R1(config)#crypto isakmp key 0 gdmec address 128.126.2.1
```

（3）配置 tranform-set

```
R1(config)#crypto IPSec transform-set gdmec1202 esp-3des esp-sha-hmac
R1(cfg-crypto-trans)#mode tunnel
R1(cfg-crypto-trans)#exit
```

（4）定义需要通过 IPSec 隧道的流量

```
R1(config)#access-list 100 permit gre host 128.126.1.1 host 128.126.2.1
```

//IPSec over GRE 与 IPSec VPN 唯一的区别就是定义 ACL 时，GRE over IPSec 是使用双方的公网 IP 地址，并且协议为 GRE，不是内网网段，因为内网网段是靠路由协议来传递的。

（5）创建 crypto map

```
R1(config)#crypto map gdmec16 1 IPSec-isakmp
R1(config-crypto-map)#set peer 128.126.2.1
R1(config-crypto-map)#set transform-set gdmec1202
R1(config-crypto-map)#match address 100
R1(config-crypto-map)#exit
```

（6）将 crypto map 应用到接口上

```
R1(config)#int s2/0
R1(config-if)#crypto map gdmec16
R1(config-if)#exit
```

2）配置路由器 R3

（1）配置 IKE（ISAKMP）策略

```
R3(config)#crypto isakmp policy 1
R3(config-isakmp)#encryption 3des
R3(config-isakmp)#hash sha
R3(config-isakmp)#authentication pre-share
R3(config-isakmp)#group 2
R3(config-isakmp)#exit
```

（2）配置 IKE 预共享密钥，认证标识

```
R3(config)#crypto isakmp key 0 gdmec address 128.126.1.1
```

（3）配置 tranform-set

```
R3(config)#crypto IPSec transform-set gdmec1202 esp-3des esp-sha-hmac
R3(cfg-crypto-trans)#mode tunnel
R3(cfg-crypto-trans)#exit
```

（4）定义需要通过 IPSec 隧道的流量

```
R3(config)#access-list 100 permit gre host 128.126.2.1 host 128.126.1.1
```

（5）创建 crypto map

```
R3(config)#crypto map gdmec16 1 IPSec-isakmp
R3(config-crypto-map)#set peer 128.126.1.1
R3(config-crypto-map)#set transform-set gdmec1202
R3(config-crypto-map)#match address 100
R3(config-crypto-map)#exit
```

（6）将 crypto map 应用到接口上

```
R3(config)#int s2/1
R3(config-if)#crypto map gdmec16
R3(config-if)#exit
```

4. 部署 GRE 隧道

（1）配置路由器 R1

```
R1(config)#int tunnel 1
R1(config-if)#ip add 10.1.1.1 255.255.255.0
R1(config-if)#tunnel source s2/0
R1(config-if)#tunnel destination 128.126.2.1
R1(config-if)#exit
```

（2）配置路由器 R3

```
R3(config)#int tunnel 1
R3(config-if)#ip add 10.1.1.2 255.255.255.0
R3(config-if)#tunnel source s2/1
R3(config-if)#tunnel destination 128.126.1.1
R3(config-if)#exit
```

5. 启用 RIP 路由协议

（1）配置路由器 R1

```
R1(config)#router rip
R1(config-router)#net 192.168.1.0            // 在内部端口启用 RIPv2
R1(config-router)#net 10.0.0.0               // 在 GRE 隧道端口启用 RIPv2
R1(config-router)#ver 2
R1(config-router)#no auto-summary
R1(config-router)#exit
```

（2）配置路由器 R3

```
R3(config)#router rip
R3(config-router)#net 192.168.2.0            // 在内部端口启用 RIPv2
R3(config-router)#net 10.0.0.0               // 在 GRE 隧道端口启用 RIPv2
R3(config-router)#ver 2
R3(config-router)#no auto-summary
R3(config-router)#exit
```

6. 配置 PC

（1）配置 PC1

```
PC1#conf t
PC1(config)#int f1/0
PC1(config-if)#ip add 192.168.1.2 255.255.255.0      // 配置 PC 机的 IP 地址及掩码
PC1(config-if)#no shut
PC1(config-if)#exit
```

```
PC1(config)#no ip routing                    //关闭路由功能
PC1(config)#ip default-gateway 192.168.1.1   //配置PC机网关
```

（2）配置PC2

```
PC2#conf t
PC2(config)#int f1/0
PC2(config-if)#ip add 192.168.2.2 255.255.255.0   //配置PC机的IP地址及掩码
PC2(config-if)#no shut
PC2(config-if)#exit
PC2(config)#no ip routing                    //关闭路由功能
PC2(config)#ip default-gateway 192.168.2.1   //配置PC机网关
```

7. R1 Ping R3 激活隧道

```
R1#ping 10.1.1.2

Type escape sequence to abort.
Sending 5, 100-byte ICMP Echos to 10.1.1.2, timeout is 2 seconds:
.!!!!
Success rate is 100 percent (5/5), round-trip min/avg/max = 80/105/132 ms
```

8. 验证测试

（1）PC1 Ping PC2

```
PC1#ping 192.168.2.2

Type escape sequence to abort.
Sending 5, 100-byte ICMP Echos to 192.168.2.2, timeout is 2 seconds:
.!!!!
Success rate is 80 percent (4/5), round-trip min/avg/max = 72/99/128 ms
```

（2）在R1上查看IKE SA

```
R1#sh crypto isakmp peers
Peer: 128.126.2.1 Port: 500 Local: 128.126.1.1
Phase1 id: 128.126.2.1
```
//R1成功与R3建立IKE peer，说明IKE SA也成功建立，建立时R1本地源地址为128.126.1.1，目标为128.126.2.1，而不是GRE隧道的地址。
```
R1#sh crypto isakmp sa
IPv4 Crypto ISAKMP SA
dst             src             state    conn-id status
128.126.2.1     128.126.1.1     QM_IDLE  1001    ACTIVE


IPv6 Crypto ISAKMP SA
```

(3) 在 R1 上查看 IPSec SA

```
R1#sh crypto IPSec sa

interface: Serial2/0
Crypto map tag: gdmec, local addr 128.126.1.1

protected vrf: (none)
local  ident (addr/mask/prot/port): (128.126.1.1/255.255.255.255/47/0)
remote ident (addr/mask/prot/port): (128.126.2.1/255.255.255.255/47/0)
current_peer 128.126.2.1 port 500
  PERMIT, flags={origin_is_acl,}
 #pkts encaps: 78, #pkts encrypt: 78, #pkts digest: 78
 #pkts decaps: 76, #pkts decrypt: 76, #pkts verify: 76
 #pkts compressed: 0, #pkts decompressed: 0
 #pkts not compressed: 0, #pkts compr. failed: 0
 #pkts not decompressed: 0, #pkts decompress failed: 0
 #send errors 1, #recv errors 0

 local crypto endpt.: 128.126.1.1, remote crypto endpt.: 128.126.2.1
 path mtu 1500, ip mtu 1500, ip mtu idb Serial2/0
 current outbound spi: 0x1A08B606(436778502)
 PFS (Y/N): N, DH group: none

 inbound esp sas:
  spi: 0x1455CDE1(341167585)
    transform: esp-3des esp-sha-hmac ,
    in use settings ={Tunnel, }
    conn id: 1, flow_id: SW:1, sibling_flags 80000046, crypto map: gdmec
    sa timing: remaining key lifetime (k/sec): (4502018/1739)
    IV size: 8 bytes
    replay detection support: Y
    Status: ACTIVE

 inbound ah sas:

 inbound pcp sas:

 outbound esp sas:
  spi: 0x1A08B606(436778502)
    transform: esp-3des esp-sha-hmac ,
    in use settings ={Tunnel, }
    conn id: 2, flow_id: SW:2, sibling_flags 80000046, crypto map: gdmec
    sa timing: remaining key lifetime (k/sec): (4502017/1739)
    IV size: 8 bytes
    replay detection support: Y
    Status: ACTIVE
```

项目4 基于路由器的VPN网络的组建

```
outbound ah sas:

outbound pcp sas:
```
//IPSec SA 显示为活动状态，并且加密的数据包就是我们指定的双方建立 GRE 时用到的公网地址。

 任务拓展——Dynamic GRE over IPSec

上述配置都是靠静态 IP 来实现的，但是，要申请一个静态公网 IP 花费非常高，在总公司可能就能申请静态的公网 IP。如果是新建立的分公司，可能开始的投资就不会那么大。那么，对于一端是静态 IP，另一端是动态 IP 的情况，VPN 能否建立起来呢？答案是非常困难，但并不是不能实现。

两端都是静态 IP 的情况下建立 VPN，称为 Static GRE over IPSec，而一端是静态 IP，另一端是动态 IP，称为 Dynamic GRE over IPSec。

在 Dynamic GRE over IPSec 情况下，必须先让动态 IP 方向静态 IP 方发送数据包激活隧道，否则 GRE 隧道就不可能建立起来，那么之后 VPN 也不可能建立起来。道理很简单，既然是动态 IP，静态 IP 又怎么能轻易找到动态 IP 方在哪里呢，那么，当动态 IP 方主动发送数据包给静态 IP 方，则静态 IP 方才能发现动态 IP 方。我们的做法通常是向静态 IP 方发送 ICMP 包或其他数据包，触发 ISAKMP 的协商数据包，当数据包发向静态 IP 方时，那么静态 IP 方就根据动态 IP 方发来的 ISAKMP 的协商数据包的源 IP 地址，从而知道对方的真正 IP 地址。

初步了解 Dynamic GRE over IPSec 之后，下面讲解配置的细节。

动态 IP 方没有固定的 IP 地址，所以在配置 GRE 隧道时，难以确定源点地址。这时需要路由器建立一个 Lookback 地址，这个地址通常是任意的，但最好是私有的 IP 地址，然后配置 GRE 隧道的源地址时，指向该 Lookback 地址。用户或许会发现该地址对于静态 IP 方来说是不可达的，但是不要紧，最终的数据包地址不会用到该 IP 地址，只是一个形式而已。对于静态 IP 方还需要做的是，写一条路由指向自己的公网出口（IP route Lookback 地址及掩码公网出口地址）。

在配置 IPSec 部分时，需要配置 Crypto map，在 Dynamic GRE over IPSec 情况下，需要在静态 IP 方配置 Dynamic map，在动态 IP 方配置 Static map。

具体配置如下：

1. 基础的网络配置

（1）R1：

```
R1#conf t
R1(config)#int s2/0
R1(config-if)#ip add 128.126.1.1 255.255.255.0
R1(config-if)#no shut
R1(config-if)#int f1/0
R1(config-if)#ip add 192.168.1.1 255.255.255.0
```

```
R1(config-if)#no shut
R1(config-if)#exit
R1(config)#ip route 0.0.0.0 0.0.0.0 128.126.1.2
```

（2）R2：

```
R2#conf t
R2(config)#int    s2/0
R2(config-if)#ip add 128.126.1.2 255.255.255.0
R2(config-if)#no shut
R2(config-if)#int s2/1
R2(config-if)#ip add 128.126.2.2 255.255.255.0
R2(config-if)#no shut
R2(config)#service dhcp
R2(config)#ip dhcp pool gdmec                // 配置 DHCP，为 R3 动态分配地址
R2(dhcp-config)#network 128.126.2.0 255.255.255.0
R2(dhcp-config)#default-router 128.126.2.2
R2(dhcp-config)#exit
```

（3）R3：

```
R3(config)#int s2/1
R3(config-if)#ip add slarp retry 3           // 自动获得 IP 地址
R3(config-if)#no shut
R3(config-if)#exit
*Mar 24 09:36:20.095: %LINK-3-UPDOWN: Interface Serial2/1, changed state to up
*Mar 24 09:36:20.139: %LINK-5-SLARP: Serial2/1 address 128.126.2.1, resolved by 128.126.2.2
*Mar 24 09:36:21.111: %LINEPROTO-5-UPDOWN: Line protocol on Interface Serial2/1, changed state to up
R3(config-if)#int f1/0
R3(config-if)#ip add 192.168.2.1 255.255.255.0
R3(config-if)#no shut
R3(config-if)#int l0
R3(config-if)#ip add 1.1.1.1 255.255.255.0
R3(config-if)#no shut
R3(config-if)#exit
R3(config)#ip route 0.0.0.0 0.0.0.0 s2/1
```

2. 配置 GRE 隧道

（1）R1：

```
R1(config)#int tunnel 1
*Mar 24 09:42:04.563: %LINEPROTO-5-UPDOWN: Line protocol on Interface Tunnel1, changed state to down
R1(config-if)#tunnel source s2/0
```

```
R1(config-if)#tunnel destination 1.1.1.1
R1(config-if)#
*Mar 24 09:42:21.819: %LINEPROTO-5-UPDOWN: Line protocol on Interface Tunnel1, changed state to up
R1(config-if)#ip add 10.1.1.1 255.255.255.0
R1(config-if)#exit
R1(config)#ip route 1.1.1.0 255.255.255.0 128.126.1.2
// 隧道的终点地址为 R3 的 lookback 地址,虽然这是路由不可达的,但也必须写一条静态路由指向自己的下一跳地址,这是配置的规则。
```

(2) R3:

```
R3(config)#int tunnel 3
R3(config-if)#ip add
*Mar 24 09:51:12.115: %LINEPROTO-5-UPDOWN: Line protocol on Interface Tunnel3, changed state to down
R3(config-if)#ip add 10.1.1.2 255.255.255.0
R3(config-if)#tunnel source loopback 0
R3(config-if)#tunnel destination 128.126.1.1
*Mar 24 09:51:38.283: %LINEPROTO-5-UPDOWN: Line protocol on Interface Tunnel3, changed state to up
R3(config-if)#exit
```

3. 在 R1 上配置 Dynamic GRE over IPSec

(1) R1:

```
R1(config)#crypto isakmp policy 1
R1(config-isakmp)#encryption 3des
R1(config-isakmp)#hash sha
R1(config-isakmp)#authentication pre-share
R1(config-isakmp)#group 2
R1(config-isakmp)#exit
R1(config)#crypto isakmp key 0 gdmec add 0.0.0.0 0.0.0.0
R1(config)#crypto IPSec transform-set gdmec1202 esp-3des esp-sha-hmac
R1(cfg-crypto-trans)#mode tunnel
R1(cfg-crypto-trans)#exit
R1(config)#crypto dynamic-map aaa 10
R1(config-crypto-map)#set transform-set gdmec1202
R1(config-crypto-map)#exit
R1(config)#crypto map mymap 10 IPSec-isakmp dynamic aaa
R1(config)#crypto map mymap local-address s2/0
R1(config)#int s2/0
R1(config-if)#crypto map mymap
R1(config-if)#ex
*Mar 24 09:59:41.955: %CRYPTO-6-ISAKMP_ON_OFF: ISAKMP is ON
R1(config-if)#exit
```

4. 在 R3 上配置 static GRE over IPSec

```
R3(config)#crypto isakmp policy 1
R3(config-isakmp)#encryption 3des
R3(config-isakmp)#hash sha
R3(config-isakmp)#authentication pre-share
R3(config-isakmp)#group 2
R3(config-isakmp)#exit
R3(config)#crypto isakmp key 0 gdmec add 128.126.1.1
R3(config)#access-list 100 permit gre host 1.1.1.1 host 128.126.1.1
R3(config)#crypto IPSec transform-set gdmec1202 esp-3des esp-sha-hmac
R3(cfg-crypto-trans)#mode tunnel
R3(cfg-crypto-trans)#exit
R3(config)#crypto map gdmec16 1 IPSec-isakmp
% NOTE: This new crypto map will remain disabled until a peer
and a valid access list have been configured.
R3(config-crypto-map)#set peer 128.126.1.1
R3(config-crypto-map)#set transform-set gdmec1202
R3(config-crypto-map)#match add 100
R3(config-crypto-map)#exit
R3(config)#crypto map gdmec16 local-address s2/1
R3(config)#int s2/1
R3(config-if)#crypto map gdmec16
R3(config-if)#
*Mar 24 10:12:40.567: %CRYPTO-6-ISAKMP_ON_OFF: ISAKMP is ON
R3(config-if)#exit
```

5. 激活隧道

（1）测试 R1 Ping R3

```
R1#ping 10.1.1.2

Type escape sequence to abort.
Sending 5, 100-byte ICMP Echos to 10.1.1.2, timeout is 2 seconds:
.....
Success rate is 0 percent (0/5)
// 与预期的一样，静态 IP 方 Ping 不通动态 IP 方。
```

（2）测试 R3 Ping R1

```
R3#ping 10.1.1.1

Type escape sequence to abort.
Sending 5, 100-byte ICMP Echos to 10.1.1.1, timeout is 2 seconds:
.!!!!
Success rate is 80 percent (4/5), round-trip min/avg/max = 64/93/112 ms
R3#sh crypto isakmp peers
```

```
  Peer: 128.126.1.1 Port: 500 Local: 128.126.2.1
Phase1 id: 128.126.1.1
  R3#sh crypto isakmp sa
  IPv4 Crypto ISAKMP SA
  dst src state conn-id status
  128.126.1.1 128.126.2.1 QM_IDLE 1001 ACTIVE

  IPv6 Crypto ISAKMP SA
  //Ping 通了，GRE 隧道也建立起来了。
```

6. 配置 PC 以及启用 RIP 路由协议

（1）配置 PC1

```
PC1#conf t
PC1(config)#int f1/0
PC1(config-if)#ip add 192.168.1.2 255.255.255.0    //配置 PC 机的 IP 地址及掩码
PC1(config-if)#no shut
PC1(config-if)#exit
PC1(config)#no ip routing                          //关闭路由功能
PC1(config)#ip default-gateway 192.168.1.1         //配置 PC 机网关
```

（2）配置 PC2

```
PC2#conf t
PC2(config)#int f1/0
PC2(config-if)#ip add 192.168.2.2 255.255.255.0    //配置 PC 机的 IP 地址及掩码
PC2(config-if)#no shut
PC2(config-if)#exit
PC2(config)#no ip routing                          //关闭路由功能
PC2(config)#ip default-gateway 192.168.2.1         //配置 PC 机网关
```

（3）配置路由器 R1

```
R1(config)#router rip
R1(config-router)#net 192.168.1.0                  //在内部端口启用 RIPv2
R1(config-router)#net 10.0.0.0                     //在 GRE 隧道端口启用 RIPv2
R1(config-router)#ver 2
R1(config-router)#no auto-summary
R1(config-router)#exit
```

（4）配置路由器 R3

```
R3(config)#router rip
R3(config-router)#net 192.168.2.0                  //在内部端口启用 RIPv2
R3(config-router)#net 10.0.0.0                     //在 GRE 隧道端口启用 RIPv2
R3(config-router)#ver 2
```

```
R3(config-router)#no auto-summary
R3(config-router)#exit
```

7. 验证测试

(1) 从静态 IP 方 R1 向动态 IP 方 R3 发送 ICMP 包

```
R1#ping 10.1.1.2

Type escape sequence to abort.
Sending 5, 100-byte ICMP Echos to 10.1.1.2, timeout is 2 seconds:
!!!!!
Success rate is 100 percent (5/5), round-trip min/avg/max = 100/104/112 ms
```

(2) 在 R1 上查看 IPSec sa

```
R1#sh crypto IPSec sa

interface: Serial2/0
    Crypto map tag: mymap, local addr 128.126.1.1

    protected vrf: (none)
    local  ident (addr/mask/prot/port): (128.126.1.1/255.255.255.255/47/0)
    remote ident (addr/mask/prot/port): (1.1.1.1/255.255.255.255/47/0)
    current_peer 128.126.2.1 port 500
      PERMIT, flags={}
     #pkts encaps: 9, #pkts encrypt: 9, #pkts digest: 9
     #pkts decaps: 9, #pkts decrypt: 9, #pkts verify: 9
     #pkts compressed: 0, #pkts decompressed: 0
     #pkts not compressed: 0, #pkts compr. failed: 0
     #pkts not decompressed: 0, #pkts decompress failed: 0
     #send errors 0, #recv errors 0

     local crypto endpt.: 128.126.1.1, remote crypto endpt.: 128.126.2.1
     path mtu 1500, ip mtu 1500, ip mtu idb Serial2/0
     current outbound spi: 0xC6BECADD(3334392541)
     PFS (Y/N): N, DH group: none

     inbound esp sas:
      spi: 0xED61161D(3982562845)
        transform: esp-3des esp-sha-hmac ,
        in use settings ={Tunnel, }
        conn id: 1, flow_id: SW:1, sibling_flags 80000046, crypto map: mymap
        sa timing: remaining key lifetime (k/sec): (4589096/3157)
        IV size: 8 bytes
        replay detection support: Y
        Status: ACTIVE
```

项目4 基于路由器的VPN网络的组建

```
inbound ah sas:

inbound pcp sas:

outbound esp sas:
  spi: 0xC6BECADD(3334392541)
  transform: esp-3des esp-sha-hmac ,
  in use settings ={Tunnel, }
  conn id: 2, flow_id: SW:2, sibling_flags 80000046, crypto map: mymap
  sa timing: remaining key lifetime (k/sec): (4589096/3157)
  IV size: 8 bytes
  replay detection support: Y
  Status: ACTIVE

outbound ah sas:

outbound pcp sas:
//R1 当前的 IPSec sa 为活动状态，并且加密的数据包就是我们指定的从本端公网接口到 R3 的
Loopback 0。
```

（3）从 R1 上 Ping R3 的 lookback 地址

```
R1#ping 1.1.1.1

Type escape sequence to abort.
Sending 5, 100-byte ICMP Echos to 1.1.1.1, timeout is 2 seconds:
UUUUU
Success rate is 0 percent (0/5)
// 与预期的一样，Ping 不通。
```

（4）私网互访

```
PC1 ping PC2
PC1#ping 192.168.2.2
Type escape sequence to abort.
Sending 5, 100-byte ICMP Echos to 192.168.2.2, timeout is 2 seconds:
.!!!!
Success rate is 80 percent (4/5), round-trip min/avg/max = 72/99/128 ms
```

 项目实训

[实训题]

拓扑图如图 4-34 所示，要实现 R1 与 R3 之间的 VPN 通信，并且要通过 OSPF 路由协议交换双方内网的信息，所以要配置 Static GRE over IPSec。

113

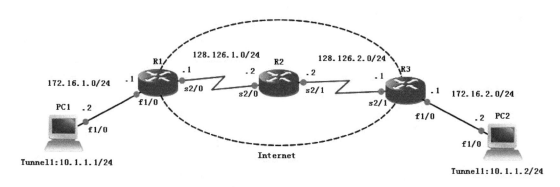

图4-34 拓扑图

[实训目的]

(1) 掌握 GNS3 构建实验拓扑图。
(2) 掌握 GRE OVER IPSec 的基本配置。
(3) 了解 GRE OVER IPSec 的原理。

[实训条件]

(1) WINDOWS 系统中安装 GNS3 软件。
(2) 在 GNS3 中加载 7200 系列的 IOS。

[实训步骤]

1. 按照拓扑图连接好设备

注意先加模块再启动路由器。

2. 配置 Internet 路由器 R2

在 R2 接口上配置 IP 地址和 Lookback 地址即可。

3. 配置 R1 与 R3 的 Internet 连通性

配置一条默认路由。

4. 在 R1 与 R3 上配置 GRE 隧道

隧道的地址要互相匹配。

5. 部署 IPSsec

定义隧道的流量时,是使用双方的公网地址。

6. 配置 PC

用路由器模拟 PC 机。

7. 激活隧道

用 R1 Ping R3 激活隧道。

8. 验证测试

任务4-4　使用Cisco路由器构建SSL VPN

任务描述

小黄是北京总公司的一位员工，由于业务需求，经常到外地出差，且需要随时随地连接到公司的内部网络。这样，小黄就需要用到各种各样的电脑，所以小黄需要一种简便的 VPN 连接方式。最终该公司决定采用 SSL VPN 这种解决方案，使得在外出差的员工只要通过浏览器就能安全地连接到公司内部网络。拓扑图如图 4-35 所示。

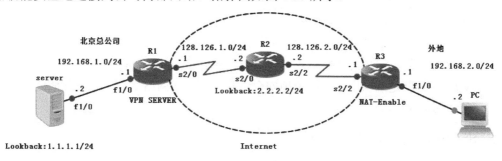

图4-35　拓扑图

相关知识

1. SSL 概述

SSL 的英文全称为"Secure Sockets Layer"，中文名称为"安全套接层协议层"。它是一种在 Web 服务协议（HTTP）和 TCP/IP 之间提供数据连接安全性的协议。它为 TCP/IP 连接提供数据加密、服务器身份验证和消息完整性验证。因此 SSL 被视为 Internet 上 Web 浏览器和服务器的安全标准。

2. SSL VPN 的优势

（1）不需要安装客户端软件。只需通过标准的 Web 浏览器连接因特网即可通过网页访问到企业内部网络资源。虽然 SSL VPN 客户端不用借助任何 Client 软件，但其实有时还是需要用到 Client 软件，不过不是手工安装的那种软件，它是通过浏览器发现插件、安装插件来实现的。

（2）适用大多数设备。
（3）适用于大多数操作系统。
（4）支持网络驱动器访问。

（5）良好的安全性。
（6）较强的资源控制能力。
（7）减少费用。

3．SSL VPN 的不足

（1）必须依靠 Internet 进行访问。
（2）对新的或复杂的 Web 技术提供有限支持。
（3）只能有限地支持 Windows 应用或其他非 Web 系统。
（4）只能为访问资源提供有限的安全保障，SSL VPN 只针对通信双方的某个应用通道进行加密，而不是对在通信双方的主机之间的整个通道进行加密。

4．SSL VPN 工作过程

（1）客户端连接至 SSL VPN Server，并请求 Server 验证客户机自身的身份。
（2）Server 通过发送自身的数字证书证明其身份。
（3）协商加密算法和用于完整性检查的哈希函数。
（4）客户端和 Server 协商会话密钥。
（5）客户端和 Server 分别使用协商好的密钥加密数据，以及通过加密的通信通道传输。

SSL VPN 的目标是确保用户随时随地安全访问企业内部网络资源，是一种低成本、高安全性、简便易用的 VPN 解决方案。

5．SSL VPN 与 IPSec VPN 的对比

SSL VPN 与 IPSec VPN 的对比如表 4-1 所示。

表4-1　SSL VPN与IPSec VPN的对比

选项	SSL VPN	IPSec VPN
身份验证	单向身份验证 双向身份验证 数字证书	双向身份验证 数字证书
加密	强加密 基于Web浏览器	强加密 依靠执行
安全性	端到端安全 从客户端到资源端全程加密	网络边缘到客户端 从客户到VPN网关之间的通道加密
可访问性	适用于任何时间、任何地点	适用于受控用户的访问
安装	即插即用安装	需要手工安装客户端软件
用户的体验	使用非常熟悉的Web浏览器	对没有相对技术的用户来说比较困难
支持的应用	基于Web的应用 文件共享 E-mail	所有基于IP协议的服务
面对的用户	客户、合作伙伴、远程用户等	适用于企业内部

项目4 基于路由器的VPN网络的组建

 任务操作

1. 配置基础网络环境

R1：

```
R1(config)#int f0/1
R1(config-if)#ip add 192.168.1.1 255.255.255.0
R1(config-if)#no shut
R1(config-if)#int s2/0
R1(config-if)#ip add 128.126.1.1
R1(config-if)#no shut
R1(config-if)#exit
R1(config)#ip route 0.0.0.0 0.0.0.0 128.126.1.2
R1(config)#ip route 1.1.1.0 255.255.255.0 192.168.1.2
R1(config)#aaa new-model
R1(config)# aaa authentication login webvpn local  // 创建AAA本地认证
```

R2：

```
R2(config)#int s2/0
R2(config-if)#ip add 128.126.1.2 255.255.255.0
R2(config-if)#no shut
R2(config-if)#int s2/2
R2(config-if)#ip add 128.126.2.2 255.255.255.0
R2(config-if)#no shut
R2(config-if)#int loo0
R2(config-if)#ip add 2.2.2.2 255.255.255.0
R2(config-if)#no shut
R2(config)#line vty 0 15              // 打开VTY线路供远程用户作Telnet测试
R2(config-line)#no login
R2(config-line)# exit
```

R3：

```
R3(config)#int s2/2
R3(config-if)#ip add 128.126.2.2 255.255.255.0
R3(config-if)#no shut
R3(config-if)#int f1/0
R3(config-if)#ip add 192.168.2.1 255.255.255.0
R3(config-if)#no shut
R3(config-if)#exit
R3(config)#ip route 0.0.0.0 0.0.0.0 128.126.2.2
R3(config)#access-list 3 permit any
R3(config)#ip nat  inside source list 3  int s2/2  overload//将R3内部网段全部
转为公网接口出站
R3(config)#int s2/2
R3(config-if)#ip nat outside
R3(config-if)#int f1/0
R3(config-if)#ip nat inside
```

```
R3(config-if)#exit
```

2. 上传及安装 SSL VPN Client 模块到 R1

上传：

```
R1#format disk0:    //释放disk0空间
R1#copy tftp: disk0
Address or name of remote host []? 192.168.1.2
Source filename []?anyconnect-win-3.1.04066-k9.pkg
Destination filename [disk0]?
Accessing tftp://192.168.1.2/ anyconnect-win-3.1.04066-k9.pkg...
Loading anyconnect-win-3.1.04066-k9.pkg from192.168.1.2
(viaFastEthernet1/1): !!!!!!
[OK - 32452065 bytes]
32452065 bytes copied in 319.116 secs (6922 bytes/sec)
```

安装：

```
R1(config)#webvpn install svc disk0:/ anyconnect-win-3.1.04066-k9.pkg
SSLVPN Package SSL-VPN-Client : installed successfully
```

3. 部署分配给用户的地址池

```
R1(config)#ip local pool gdmec 10.1.1.100 10.1.1.200
R1(config)#int loo10
R1(config-if)#ip add 10.1.1.1 255.255.255.0
R1(config-if)#no shut
//当地址池不是自身直连网段时，必须创建同网段的loopback接口
```

4. 部署 SSL VPN 参数

```
R1(config)#webvpn gateway gdmec1202
% Generating 1024 bit RSA keys, keys will be non-exportable...[OK]
R1(config-webvpn-gateway)#
*Mar 26 09:24:11.907: %SSH-5-ENABLED: SSH 1.99 has been enabled
R1(config-webvpn-gateway)#
*Mar 26 09:24:12.007: %PKI-4-NOAUTOSAVE: Configuration was modified. Issue "write memory" to save new certificate
R1(config-webvpn-gateway)#ip add 128.126.1.1 port 443
R1(config-webvpn-gateway)#inservice
R1(config-webvpn-gateway)#exit
//定义标识名，开启地址和端口
R1(config)#webvpn context gdmec16
*Mar 26 09:26:48.391: %LINEPROTO-5-UPDOWN: Line protocol on Interface SSLVPN-VIF0, changed state to up
R1(config-webvpn-context)#gateway gdmec1202
R1(config-webvpn-context)#aaa authentication list webvpn
R1(config-webvpn-context)#inservice
```

```
R1(config-webvpn-context)#policy group mygroup
R1(config-webvpn-group)#functions svc-enabled
R1(config-webvpn-group)#svc address-pool gdmec
R1(config-webvpn-group)#svc dns-server primary 218.30.19.40
R1(config-webvpn-group)#exit
R1(config-webvpn-context)#default-group-policy mygroup
R1(config-webvpn-context)#exit
//定义用户组策略，地址池
```

5．定义用来认证的用户

```
R1(config)#username admin privilege 15 password admin
```

6．SSL VPN 客户端连接

提示：在 GNS3 中用 Cloud 代替 PC，Cloud 绑定 VMware 中的一个网卡。

① 在网页浏览器中输入 SSL VPN Server 外网地址 https://128.126.1.1/，连接 SSL VPN Server。

② 出现"安全警报"，单击"仍然继续"按钮，如图 4-36 所示。

图4-36　出现"安全警报"

③ 输入刚才定义的用户名密码，单击 Login 按钮，如图 4-37 所示。

图4-37　单击Login按钮

④ 单击 Start 按钮，如图 4-38 所示。（注意：单击 Start 按钮后若不能正常显示，需更新 Java 和 Java（TM）的版本）

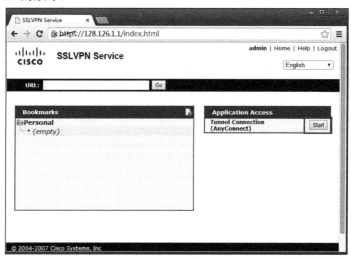

图4-38　单击Start按钮

⑤ 单击"是"按钮，如图 4-39 所示。

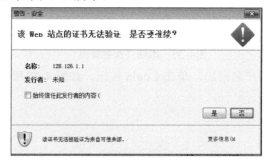

图4-39　单击"是"按钮

⑥ 单击 Connect Anyway，如图 4-40 所示。

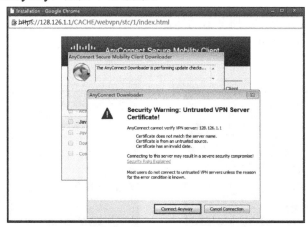

图4-40 单击Connect Anyway按钮

⑦ 连接成功，如图 4-41 所示。

图4-41 连接成功

⑧ 可以看到，分配到的地址为 10.1.1.101，Server 为 128.126.1.1，状态为连接，如图 4-42 所示。

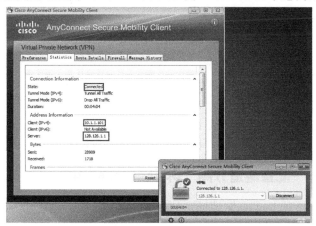

图4-42 状态为连接

7. 验证测试

(1) PC Ping 总部的 WWW 服务器的地址，如图 4-43 所示。

(2) 跟踪路由走向，如图 4-44 所示。从图中可以看出，PC 到达目标地址，成功穿越了整个 Internet。

图4-43　PC Ping总部的WWW服务器的地址

图4-44　跟踪路由走向

(3) 查看 SSL VPN 的信息。

```
R1#sh webvpn session context all
WebVPN context name: webtext
Client_Login_Name  Client_IP_Address  No_of_Connections  Created   Last_Used
admin  128.126.2.13  00:18:23  00:00:31
```

(4) 访问总公司的 WWW 服务器，如图 4-45 所示。

图4-45　访问总公司的WWW服务器

任务拓展——配置隧道分离（Split Tunneling）

(1) 测试 PC 到 R2 的 lookback 地址，如图 4-46 所示。

项目4　基于路由器的VPN网络的组建

图4-46　测试PC到R2的lookback地址

PC虽然连通了SSL VPN，但是却访问不了R2的lookback地址了。这也说明，PC连通了SSL VPN之后，所有的流量都往SSL VPN Server上发去了。但SSL VPN Server却不会将来自于Client的流量从开启了SSL VPN的接口发出去，但其他接口可以，如内网。

这显然不符合现实用户的需求，为解决上述问题，可以采用隧道分离的技术，将需要流向SSL VPN Server的流量和流向Internet的流量分离开来，这样既可以访问到总部内网资源，用户也可以自由地上网。

```
R1(config)#webvpn context gdmec16
R1(config-webvpn-context)#policy group mygroup
R1(config-webvpn-group)#svc split include 192.168.1.0 255.255.255.0
R1(config-webvpn-group)#exit
R1(config-webvpn-context)#exit
    //include 表示需要从隧道走的流量，即192.168.1.0/24 是需要走隧道的，这都是Client
上的目标地址，而不是源地址。
```

（2）查看PC再次连接SSL VPN Server后的详细信息，如图4-47所示。

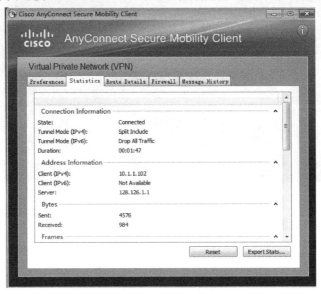

图4-47　查看详细信息

（3）查看 Route Details 中的隧道分离情况，如图 4-48 所示。与预期的一样，去往公司总部 192.168.1.0/24 是需要从 VPN 隧道走的。

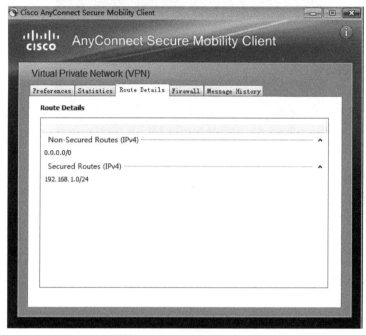

图4-48　查看分离情况

（4）测试 PC 到 R2 的 Loopback 连通性，如图 4-49 所示。可以看出，在配置了隧道分离后，PC 能访问到 Internet 的流量。

图4-49　测试PC到R2的Loopback连通性

（5）查看 PC 的路由表，如图 4-50 所示。

项目4 基于路由器的VPN网络的组建

图4-50 查看PC的路由表

从 PC 的路由表中可以看出，只有发往公司总部的 192.168.1.0/24 的流量才从 VPN 接口发出，而其他流量都从正常接口（192.168.2.1）发出，因为默认网关就是 192.168.2.1。

 项目实训

[实训题]

通过 GNS3 及 VMware 构建实验平台。其中 R1 作为 SSL VPN Server，R2 模拟 Internet。PC 连接到 VMware 模拟计算机。通过配置 SSL VPN，实现 PC 能访问北京总公司内部网络，同时也能访问 Internet。实验拓扑图如图 4-51 所示。

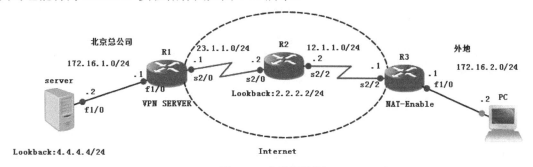

图4-51 实验拓扑图

[实训目的]

（1）掌握 GNS3 构建实验拓扑。
（2）掌握 GNS3 连接 VMware 共同构建实验平台的方法。
（3）了解 SSL VPN 工作的原理。
（4）掌握 SSL VPN 客户端登录的方式。

[实训条件]

1. 在 Windows 系统下安装 GNS3 软件。
2. 加载 7200 系列的路由器 IOS。
3. 上传 anyconnect-win-3.1.04066-k9.pkg 到路由器上。
4. 在 VMware 系统中打开 Windows 7 系统。

[实训步骤]

1. 配置基础的网络环境

在 R1 和 R3 配置默认路由指向下一跳。配置 AAA 认证。

2. 上传以及安装 SSL VPN Client 模块到 R1

首先要确保虚拟机与路由器 R1 是连通的。

3. 部署分配给用户的地址池

值得注意的是，该地址池所分配的网段如果不是该路由器的直连网段，必须创建一个 lookback 地址，使该地址和地址池分配的地址处于同一网段。

4. 部署 SSL VPN 参数

要调用 AAA 认证。

5. 定义用来认证的用户

此用户是连接 VPN 的 Client 用户。

6. SSL VPN 客户端连接

如不能加载控件，把 IE 的安全级别降低或更新 JAVA 和 JAVA（TM）版本。

7. 验证测试

在 PC 上打开 CMD 命令窗口，使用 tracert 命令跟踪路由，验证隧道是否成功建立。在 R1 上使用 show 命令查看 SSL VPN 的详细情况。

思考练习

一、单项选择题

1. 以下关于 VPN 说法正确的是（　　）。
A. VPN 指的是用户自己租用线路，和公共网络物理上完全隔离的、安全的线路
B. VPN 指的是用户通过公用网络建立的临时的、安全的连接

C.VPN 不能做到信息验证和身份认证

D.VPN 只能提供身份认证、不能提供加密数据的功能

2. IPSec 协议是开放的 VPN 协议。对它的描述有误的是（   ）。

　　A. 适应于向 IPv6 迁移　　　　　　B. 提供在网络层上的数据加密保护

　　C. 可以适应设备动态 IP 地址的情况　　D. 支持除 TCP/IP 外的其他协议

3. 如果 VPN 网络需要运行动态路由协议并提供私网数据加密，通常采用什么技术手段实现？（   ）

　　A.GRE　　　　B.GRE+IPSec　　　　C.L2TP　　　　D.L2TP＋IPSec

4. 部署 IPSecVPN 时，配置什么样的安全算法可以提供更可靠的数据加密？（   ）

　　A.DES　　　　B.3DES　　　　C.SHA　　　　D.128 位的 MD5

5. 部署大中型 IPSecVPN 时，从安全性和维护成本考虑，建议采取什么样的技术手段提供设备间的身份验证？（   ）

　　A. 预共享密钥　　　　　　　　B. 数字证书

　　C. 路由协议验证　　　　　　　D.802.1x

6. 部署 IPSecVPN 时，配置什么安全算法可以提供更可靠的数据验证？（   ）

　　A.DES　　　　　　　　　B.3DES

　　C.SHA　　　　　　　　　D.128 位的 MD5

7. 部署 IPSecVPN 网络时，我们需要考虑 IP 地址的规划，尽量在分支节点使用可以聚合的 IP 地址段，其中每条加密 ACL 将消耗多少 IPSecSA 资源？（   ）

　　A.1 个　　　　B.2 个　　　　C.3 个　　　　D.4 个

8. IPSec 包括报文验证头协议 AH 协议号(   )和封装安全载荷协议 ESP 协议号(   )。

　　A.5150　　　　B.5051　　　　C.4748　　　　D.4847

9. MD5 散列算法具有（   ）位摘要值。

　　A.56　　　　B.128　　　　C.160　　　　D.168

10. SHA1 散列算法具有（   ）位摘要值。

　　A.56　　　　B.128　　　　C.160　　　　D.168

二、多项选择题

1. VPN 网络设计的安全性原则包括（   ）。

　　A. 隧道与加密　　　　　　　B. 数据验证

　　C. 用户识别与设备验证　　　D. 入侵检测与网络接入控制

　　E. 路由协议的验证

2. VPN 组网中常用的站点到站点的接入方式是（   ）。

　　A.L2TP　　　　　　　　　B.IPSec

　　C.GRE+IPSec　　　　　　　D.L2TP+IPSec

3. 移动办公用户自身的性质决定其比固定用户更容易遭受病毒或黑客的攻击，因此部署移动用户 IPSecVPN 接入网络时需要注意（   ）。

　　A. 移动用户个人电脑必须完善自身的防护能力，需要安装防病毒软件、防火墙软件等

　　B. 总部的 VPN 节点需要部署防火墙，确保内部网络的安全

C. 适当情况下可以使用集成防火墙功能的 VPN 网关设备
D. 使用数字证书

4. AH 是报文验证头协议，主要提供以下（   ）功能。
A. 数据机密性　　　　　　　　　　B. 数据完整性
C. 数据来源认证　　　　　　　　　D. 反重放

5. IPSec 的两种工作方式是（   ）。
A.NAS-initiated　　　　　　　　　B.Client-initiated
C.tunnel　　　　　　　　　　　　　D.transport

6. 关于 IPSec 与 IKE 的关系描述正确的是（   ）。
A.IKE 是 IPSec 的信令协议
B.IKE 可以降低 IPSec 手工配置安全联盟的复杂度
C.IKE 为 IPSec 协商建立安全联盟，并把建立的参数及生成的密钥交给 IPSec
D.IPSec 使用 IKE 建立的安全联盟对 IP 报文加密或验证处理

三、简答题

1. 简述 GRE OVER IPSec 的优点。
2. 简述 SSL VPN 的配置过程及配置命令。
3. 比较 IPSec 与 SSL 特性，说明它们的异同点。
4. 描述 IPSec 主要解决什么问题及应用的环境。

项目 5
基于VPN设备的VPN网络的组建

知识目标

- 掌握常用的路由协议
- 掌握防火墙原理和实现技术
- 掌握VPN的工作原理
- 了解VPN技术的实现方法
- 掌握如何通过VPN设备实现VPN接入的方法

技能目标

- 使用Cisco VPN专用设备构建IPSec VPN
- 使用Cisco VPN专用设备构建SSLVPN
- 使用Cisco VPN专用设备构建PPTP VPN
- 使用Cisco VPN专用设备构建L2TPVPN
- 使用Cisco VPN专用设备构建EzVPN

案例引入

当不同的远程网络通过 Internet 连接时,比如上海和北京的两个分公司通过 Internet 连接时,网络之间的互访将会出现一些局限性,如图 5-1 所示。

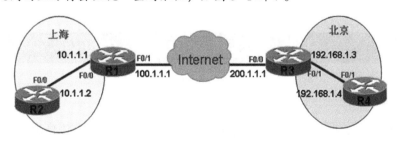

图5-1 网络拓扑图

在图 5-1 中,由于上海和北京的两个分公司内部网络分别使用了私有 IP 网段 10.1.1.0 和 192.168.1.0,而私有 IP 网段是不能传递到 Internet 上进行路由的,所以两个分公司无法直接通过私网地址 10.1.1.0 和 192.168.1.0 互访,如 R2 无法直接通过访问私网地址 192.168.1.4 来访问 R4。在正常情况下,图 5-1 中两个分公司要互访,可以在连接 Internet 的边界路由器上配置 NAT 来将私网地址转换为公网地址,从而实现两个私有网络的互访。

但是在某些特殊需求下，两个分公司需要直接通过对方私有地址来访问对方网络，而不希望通过 NAT 映射后的地址来访问，比如银行的业务系统，某银行在全国都有分行，而所有的分行都需要访问总行的业务主机系统，但这些业务主机地址并不希望被 NAT 转换成公网地址，因为银行的主机不可能愿意暴露在公网之中，所以分行都需要直接通过私网地址访问总行业务主机；在此类需求的网络环境中，就必须要解决跨越 Internet 的网络与网络之间直接通过私有地址互访的问题。

再看如图 5-2 所示的网络环境。

图5-2　网络环境图

在图 5-2 的网络环境中，上海与北京两个分公司网络通过路由器直接互连，虽然两个公司的网络都是私有网段，但是两个网络是直连的，比如上海分公司的数据从本地路由器直接发送到北京分公司的路由器，中间并没有经过任何第三方网络和设备，所以两个分公司直接通过私有地址互访没有任何问题。

由图 5-2 中的环境可知，只要两个网络直接互连而不经过任何第三方网络，那么互连的网络之间可以通过真实地址互访，而无论其真实地址是公网还是私网。远距离网络要直连实现直接通过私有地址互访，要在公司之间铺设光纤是不现实的，可以选择的方法就是向 ISP 申请租用专线，完全是公司与公司的路由器直连，通过租用专线连接的网络之间可以直接互访。但是专线的租用价格相当昂贵，成本可能令人无法承受，因此，人们尝试着使用网络技术让跨越 Internet 的网络模拟出专线连接的效果。这种技术，就是 VPN（Virtual Private Network）技术。

任务5-1　构建IPSec VPN

 任务描述

某公司在上海和北京分别有两个分公司，如 R5 与 R4 之间需要直接使用私有地址来互访，比如 R5 通过直接访问地址 192.168.1.4 来访问 R4，而 R2 则相当于 Internet 路由器，R2 只负责让 R1 与 ASA 能够通信，R2 不会配置任何路由，R2 不允许拥有上海与北京公司内部的路由 10.1.1.0 与 192.168.1.0。在配置完 LAN-to-LAN VPN 之后，最终上海与北京两个网络之间通过 VPN 隧道来穿越没有路由的 R2 来进行通信，实现在私网与私网之间穿越公网的通信。

网络拓扑图如图 5-3 所示。

项目5　基于VPN设备的VPN网络的组建

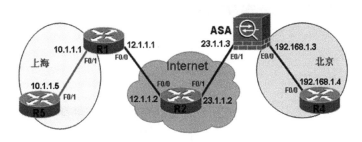

图5-3　网络拓扑图

 相关知识

1．GNS3 模拟 ASA

（1）下载需要 GNS3-0.8.6-win32-all-in-one.exe（主要软件）、SecureCRT7.0（终端软件）、Cisco 的 ios 文件。

（2）安装 GNS 0.8.6，注意，GNS3 安装路径必须没有出现中文，必须是英文路径。双击安装文件，当出现如图 5-4 所示的选择组件内容时，勾选所有项进行安装。

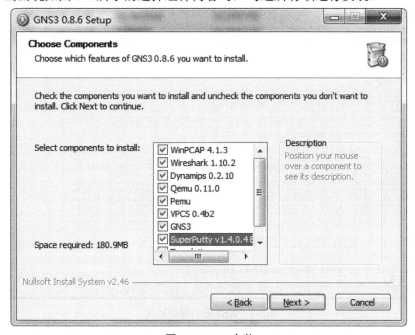

图5-4　GNS安装

（3）下载解压过的 asa 镜像文件，包含两个文件，kernel 文件和 initrd 文件，kernel 文件是 asa802-k8.bin.unpacked.vmlinuz，initrd 文件是 asa802-k8-sing.gz；网卡设置为 e1000。打开 GNS3，新建一个工程，命名为 ASA。之后选择"编辑"→"首选项"→"qemu"命令，对"ASA"选项做如图 5-5 所示的配置。

（4）拖入 ASA 图标，分别新建 ASA1 和 ASA2，启动两个 ASA 可以看到两个 QEMU 窗口，如图 5-6 所示。

图5-5　GNS中模拟ASA

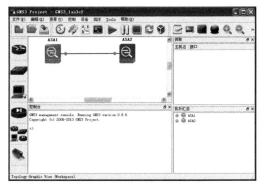

图5-6　GNS中模拟两台ASA设备

（5）由于是初次运行，用鼠标选中 ASA 设备然后单击鼠标右键，在弹出的快捷菜单中选择"console"命令登录后，可以看到 ASA 的内核初始化，如图 5-7 所示。

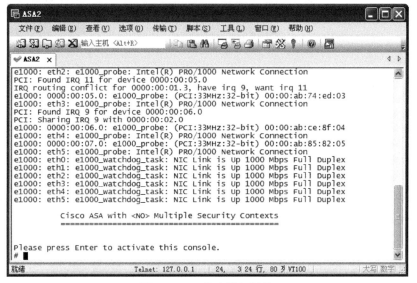

图5-7　ASA的内核初始化

（6）在 FLASH 文件初始化结束后，执行 /mnt/disk0/lina_monitor 命令，如图 5-8 所示。

（7）再次运行 ASA 时，将直接启动到 cisco asa> 的状态下，不用再执行上述命令。可以看到 6 块网卡都被 ASA 识别了，此时如果执行"show flash："命令，将会是如图 5-9 所示的结果。

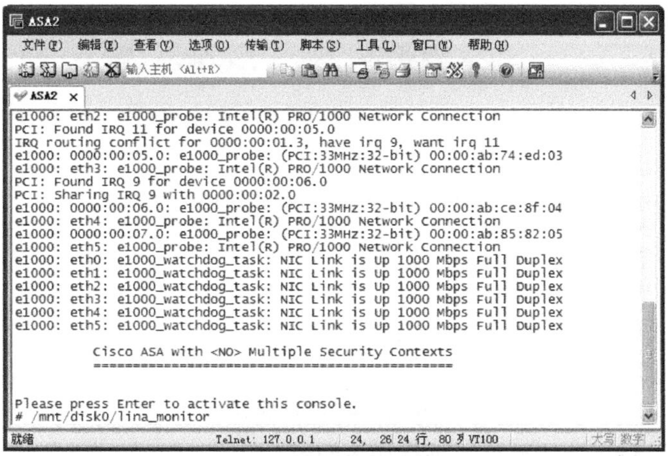

图5-8　ASA初始设置

图5-9　查看ASA存储信息

（8）因为是初次运行，虽然上述步骤中格式化了 FLASH 文件等，但是在 ASA 中还是没有加载 FLASH，所以执行"show flash:"命令后可用空间为 0。停止所有的 ASA，然后重新启动 ASA，再执行"show flash:"命令，FLASH 文件已经被加载了，如图 5-10 所示。

图5-10　再次查看ASA存储

（9）为了保证使用命令 wr、copy run start 时不出现错误，重新启动 ASA 后，在全局配置模式下执行如下命令：

```
copy running-config disk0:/.private/startup-config
boot config disk0:/.private/startup-config
```

显示结果如图 5-11 所示。

图5-11　ASA存储配置

（10）验证两个 ASA 的连通性，进行如下配置。

```
ciscoasa(config)# hostname ASA1
ASA1(config)# int e0/0
ASA1(config-if)# ip add 192.168.1.1 255.255.255.0
ASA1(config-if)# nameif out
ASA1(config-if)# nameif outs
ASA1(config-if)# nameif outside
INFO: Security level for "outside" set to 0 by default.
ASA1(config-if)# no sh
ASA1(config-if)# end
ciscoasa(config)# host ASA2
ASA2(config)# int e0/0
ASA2(config-if)# ip add 192.168.1.2 255.255.255.0
ASA2(config-if)# nameif outside
INFO: Security level for "outside" set to 0 by default.
ASA2(config-if)# no sh
ASA2(config-if)# end
ASA2# ping 192.168.1.1
Type escape sequence to abort.
Sending 5, 100-byte ICMP Echos to 192.168.1.1, timeout is 2 seconds:
!!!!!
Success rate is 100 percent (5/5), round-trip min/avg/max = 1/8/10 ms
```

可以看到两个 ASA 是可以 PING 通的。

2．GNS3 模拟 ASA 上传 ASDM

（1）首先在自己的电脑中建立一个 TFTP 服务器，然后把 ASDM 的镜像文件放在 TFTP 的根目录下，如图 5-12 所示。

项目5 基于VPN设备的VPN网络的组建

图5-12 准备TFTP服务器

(2) 启动 TFTP 服务器,并做好相应的设置,如图 5-13 所示。

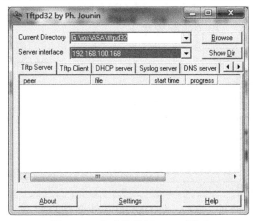

图5-13 启动并进行TFTP设置

(3) 然后在 GNS3 中建立一个如下的拓扑:将云(Cloud)设置为桥接在物理网卡或者 Loopback 口上,然后将 ASA、云和交换机连接在一起,如图 5-14 所示。

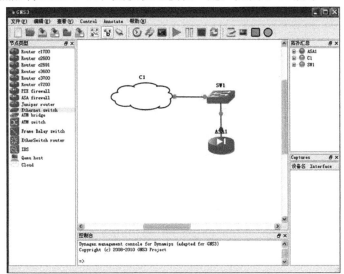

图5-14 ASA拓扑图

(4) 查看 ASA 存储信息,打开 ASA,然后重新启动 ASA,保证 ASA 的存储空间有 256MB 的容量,如图 5-15 所示。

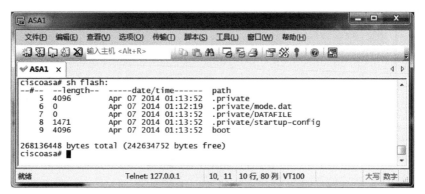

图5-15 查看ASA存储空间

（5）然后开始配置ASA，相关的配置如下。

```
ASA1>en
ASA#conf t
ASA(config)#int e0/0
ASA(config-if)#ip add 192.168.100.10 255.255.255.0
ASA(config-if)#nameif inside
ASA(config-if)#no shut
ASA(config-if)#end
ASA#ping 192.168.100.168
ASA#copy tftp: flash:
```

接着输入TFTP主机的地址、输入ASDM的文件名信息后开始传输，如图5-16所示。

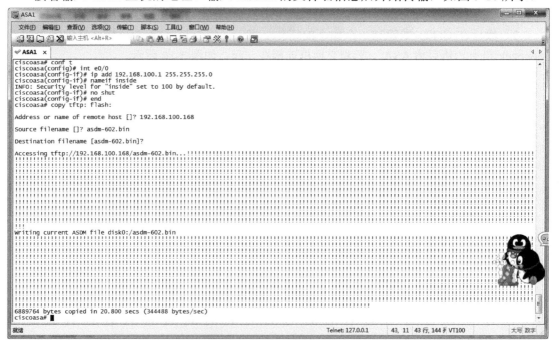

图5-16 上传ADSM管理工具

（6）上传完毕后，显示FLASH，如图5-17所示。

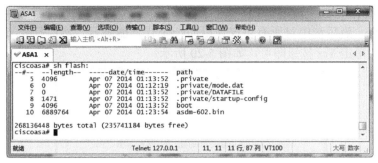

图5-17 查看上传结果

(7) 开始配置 ASA，使 ASDM 可用，如图 5-18 所示。

```
ciscoasa# conf t
ciscoasa(config)# webvpn
ciscoasa(config-webvpn)# username cisco pass
ciscoasa(config-webvpn)# username cisco password cisco pri
ciscoasa(config-webvpn)# username cisco password cisco privilege 15
ciscoasa(config)# http se
ciscoasa(config)# http server en
ciscoasa(config)# http server enable
ciscoasa(config)# http 192.168.100.0 255.255.255.0 inside
ciscoasa(config)#
```

图5-18 配置ASDM可用

(8) 使用 ASDM 客户端连接，输入用户名和密码，出现如图 5-19 所示的错误。

图5-19 使用ASDM

说明：这个错误是因为 ASDM 客户端软件需要对照从 ASA 发给 HTTP Server 的硬件地址 ID，而 GNS3 模拟的 ASA 是没有硬件 ID 的。

(9) 使用 fiddler 软件对 HTTPS 发送的流量进行代理 。

① 首先安装 fiddler 软件，然后打开该软件，按照如下顺序操作。

Tools/ fiddler options/https/check 然后选中 " decrypt https traffic "。

② 单击 RULES /Customize Rules，使用附件中 myrules 的内容覆盖 Customize 的内容，然后保存。

③ 从控制面板中选择 Java，在常规中的网络设置上选择使用代理服务器 localhost 端口 8888，选择高级，最后选中对所有协议使用同一个代理服务器。然后打开 fiddler，再打开 ASDM 客户端，单击 Yes 按钮即可，如图 5-20 所示。

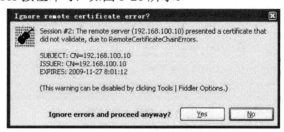

图5-20　配置使ASDM可用

 任务操作

1．配置基本步骤

在配置 IPSecVPN 范畴的 VPN 时，无论配置哪种形式，基本上需要如下几个重要步骤：
- 配置IKE（ISAKMP）策略。
- 定义认证标识。
- 配置IPSec transform。
- 定义感兴趣流量。
- 创建crypto map。
- 将crypto map应用于接口。

其中每步的具体内容为：

（1）配置 IKE（ISAKMP）策略：定义 IKE 策略，包括加密算法（Encryption）、Hash 算法（HMAC）、密钥算法（Diffie-Hellman）、认证方式（Authentication）等。

（2）定义认证标识：无论前面定义了何种认证方式，都需要添加认证信息，如密码、数字证书等。

（3）配置 IPSec transform：也就是定义加密算法及 HMAC 算法，此 transform set 即定义了 VPN 流量中的数据包受到怎样的保护。

（4）定义感兴趣流量：定义哪些流量需要通过 VPN 来传输，通过 IPSec 来保护；匹配流量的方法为定义 ACL，建议使用 Extended ACL 来匹配指定的流量，ACL 中被 permit 匹配的流量表示加密，而被 deny 匹配的流量则表示不加密。

注：在配置 ACL 定义感兴趣流量时需要格外注意的是，ACL 中不要使用 any 来表示源或目标，否则会产生问题。

（5）创建 crypto map：将之前定义的 ACL，加密数据发往的对端，以及 IPSec transform 结合在 crypto map 中。

（6）将 crypto map 应用于接口：crypto map 配置后，是不会生效的，必须将 crypto map 应用到接口上，目前 crypto map 对接口类型没有任何要求，也就是正常接口都可以应用，当然必须是三层可路由接口。

2. 项目任务

两个远程公司的网络上海和北京，网络拓扑图如图5-21所示，如R5与R4之间需要直接使用私有地址来互访，比如R5通过直接访问地址192.168.1.4来访问R4，而R2则相当于Internet路由器，R2只负责让R1与ASA能够通信，R2不会配置任何路由，R2不允许拥有上海与北京公司内部的路由10.1.1.0与192.168.1.0，在配置完后，最终上海与北京两个网络之间通过VPN隧道来穿越没有路由的R2进行通信，实现在私网与私网之间穿越公网的通信。子网掩码全部使用24位。

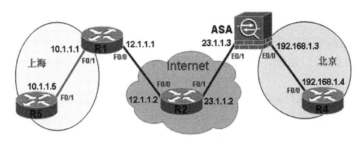

图5-21　网络拓扑图

1）配置基础网络环境

（1）配置R1

```
r1(config)#int f0/0
r1(config-if)#ip add 12.1.1.1 255.255.255.0
r1(config-if)#no sh
r1(config-if)#exit
r1(config)#int f0/1
r1(config-if)#ip add 10.1.1.1 255.255.255.0
r1(config-if)#no sh
r1(config-if)#exit
r1(config)#ip route 0.0.0.0 0.0.0.0 12.1.1.2
```

说明：配置R1的接口地址，并写默认路由指向Internet（路由器R2），地址为12.1.1.2。

（2）配置R2

```
r2(config)#int f0/0
r2(config-if)#ip add 12.1.1.2 255.255.255.0
r2(config-if)#no sh
r2(config-if)#exit
r2(config)#int f0/1
r2(config-if)#ip add 23.1.1.2 255.255.255.0
r2(config-if)#no sh
r2(config-if)#exit
```

说明：配置R2的接口地址，因为R2模拟Internet，R2只需要有公网路由12.1.1.0和23.1.1.0即可，所以R2不需要写任何路由，也不允许写任何路由。

（3）配置R4

```
r4(config)#int f0/0
```

```
r4(config-if)#ip add 192.168.1.4 255.255.255.0
r4(config-if)#no sh
r4(config-if)#exit
r4(config)#ip route 0.0.0.0 0.0.0.0 192.168.1.3
```

说明：配置 R4 的接口地址，并写默认路由指向北京公司出口 ASA。

（4）配置 R5

```
r5(config)#int f0/1
r5(config-if)#ip add 10.1.1.5 255.255.255.0
r5(config-if)#no sh
r5(config-if)#exit
r5(config)#ip route 0.0.0.0 0.0.0.0 10.1.1.1
```

说明：配置 R5 的接口地址，并写默认路由指向上海公司出口路由器 R1。

（5）配置 ASA

```
ciscoasa(config)# int e0/0
ciscoasa(config-if)# ip add 192.168.1.3 255.255.255.0
ciscoasa(config-if)# no shut
ciscoasa(config-if)# nameif inside
INFO: Security level for "inside" set to 100 by default.
ciscoasa(config-if)# exit
ciscoasa(config)# int e0/1
ciscoasa(config-if)# ip add 23.1.1.3 255.255.255.0
ciscoasa(config-if)# no shut
ciscoasa(config-if)# nameif outside
INFO: Security level for "outside" set to 0 by default.
ciscoasa(config-if)# route outside 0 0 23.1.1.2
```

说明：配置 ASA 的接口地址，并写默认路由指向 Internet（路由器 R2），地址为 23.1.1.2。

2）测试基础网络环境

（1）测试 R1 到 ASA 的连通性

```
r1#ping 23.1.1.3
Type escape sequence to abort.
Sending 5, 100-byte ICMP Echos to 23.1.1.3, timeout is 2 seconds:
!!!!!
Success rate is 100 percent (5/5), round-trip min/avg /max = 20/44/80 ms
```

说明：因为 R1 与 ASA 都有默认路由指向 Internet（路由器 R2），而 R2 与 R1 和 ASA 都是可达的，所以 R1 与 ASA 通信正常。

（2）测试 R1 到 R4 的连通性

```
r1#ping 192.168.1.4
Type escape sequence to abort.
Sending 5, 100-byte ICMP Echos to 192.168.1.4, timeout is 2 seconds:
U.U.U
Success rate is 0 percent (0/5)
```

说明：虽然 R1 有默认路由指向 Internet 路由器 R2，但 R2 只有公网路由 12.1.1.0 和

23.1.1.0，只能保证 R1 与 ASA 的通信，所以 R1 无法访问北京公司的私有网段 192.168.1.0。

（3）测试 R5 到 R4 的连通性

```
r5#ping 192.168.1.4
Type escape sequence to abort.
Sending 5, 100-byte ICMP Echos to 192.168.1.4, timeout is 2 seconds:
Success rate is 0 percent (0/5)
```

说明：同上理由，R2 只有公网路由 12.1.1.0 和 23.1.1.0，只能保证 R1 与 ASA 的通信，所以上海和北京公司无法通过私有地址互访。

（4）查看 R2 的路由表

```
r2#sh ip route
Codes: C - connected, S - static, R - RIP, M - mobile, B - BGP
D - EIGRP, EX - EIGRP external, O - OSPF, IA - OSPF inter area
N1 - OSPF NSSA external type 1, N2 - OSPF NSSA external type 2
E1 - OSPF external type 1, E2 - OSPF external type 2
i - IS-IS, su - IS-IS summary, L1 - IS-IS level-1, L2 - IS-IS level-2
ia - IS-IS inter area, * - candidate default, U - per-user static route
o - ODR, P - periodic downloaded static route
Gateway of last resort is not set
23.0.0.0/24 is subnetted, 1 subnets
C23.1.1.0 is directly connected, FastEthernet0/1
12.0.0.0/24 is subnetted, 1 subnets
C   12.1.1.0 is directly connected, FastEthernet0/0
```

说明：因为 R2 模拟 Internet 路由器，所以 R2 没有写任何路由，R2 的责任就是保证 R1 与 ASA 能够通信即可。

3）配置 LAN-to-LAN VPN

（1）在 ASA 上配置 IKE（ISAKMP）策略

```
ciscoasa(config)# crypto isakmp policy 1
ciscoasa(config-isakmp-policy)# encryption 3des
ciscoasa(config-isakmp-policy)# hash sha
ciscoasa(config-isakmp-policy)# authentication pre-share
ciscoasa(config-isakmp-policy)# group 2
ciscoasa(config-isakmp-policy)# exit
```

说明：定义了 ISAKMP policy 1，加密方式为 3des，Hash 算法为 sha，认证方式为 Pre-Shared Keys（PSK），密钥算法（Diffie-Hellman）为 group 2。

（2）在 ASA 上定义认证标识

```
ciscoasa(config)# tunnel-group 12.1.1.1 type IPSec-l2l
ciscoasa(config)# tunnel-group 12.1.1.1 IPSec-attributes
ciscoasa(config-tunnel-IPSec)# pre-shared-key cisco123
ciscoasa(config-tunnel-IPSec)# exit
```

说明：因为之前定义的认证方式为 Pre-Shared Keys（PSK），所以需要定义认证密码，这里定义对端路由器（即 R1）的认证密码为 Cisco123，并且双方密码必须一致，否则无法建立 IKE SA。

(3) 在 ASA 上配置 IPSec transform

```
ciscoasa(config)# crypto IPSec transform-set ccie esp-3des esp-sha-hmac
```

说明：配置了 transform-set 为 ccie，其中数据封装使用 esp 加 3des 加密，并且使用 esp 结合 sha 做 Hash 计算。

(4) 在 ASA 上定义感兴趣流量

```
ciscoasa(config)# access-list vpn permit ip 192.168.1.0  255.255.255.0 10.1.1.0 255.255.255.0
```

说明：这里需要被 IPSec 保护传输的流量为北京公司至上海公司的流量，即 192.168.1.0/24 发往 10.1.1.0/24 的流量，切记不可使用 any 来表示地址。

(5) 在 ASA 上创建 crypto map

```
ciscoasa(config)# crypto map 121 1 match address vpn
ciscoasa(config)# crypto map 121 1 set peer 12.1.1.1
ciscoasa(config)# crypto map 121 1 set transform-set ccie
```

说明：在 ASA 上配置 crypto map 为 121，序号为 1，即第 1 组策略，其中指定加密数据发往的对端为 12.1.1.1，即和 12.1.1.1 建立 IPSec 隧道，调用的 IPSec transform 为 ccie，并且指定 ACL VPN 中的流量为被保护的流量。

(6) 在 ASA 上将 crypto map 和 ISAKMP 策略应用于 outside 接口 E0/1

```
ciscoasa(config)# crypto map 121 interface outside
ciscoasa(config)# crypto isakmp enable outside
```

说明：将 crypto map 和 ISAKMP 策略应用在去往上海公司的接口 E1 上。

(7) 使用相同方式配置 R1 的 LAN-to-LAN VPN

```
r1(config)#crypto isakmp policy 1
r1(config-isakmp)#encryption 3des
r1(config-isakmp)#hash sha
r1(config-isakmp)#authentication pre-share
r1(config-isakmp)#group 2
r1(config-isakmp)#exit
r1(config)#crypto isakmp key 0 cisco123 address 23.1.1.3
r1(config)#crypto IPSec transform-set ccie esp-3des esp-sha-hmac
r1(cfg-crypto-trans)#exit
r1(config)#access-list 100 permit ip 10.1.1.0 0.0.0.255 192.168.1.0 0.0.0.255
r1(config)#crypto map 121 1 IPSec-isakmp
r1(config-crypto-map)#set peer 23.1.1.3
r1(config-crypto-map)#set transform-set ccie
r1(config-crypto-map)#match address 100 r1(config-crypto-map)#exit
r1(config)#int f0/0
r1(config-if)#crypto map 121
r1(config-if)#exit
*Mar    1 00:21:45.171: %CRYPTO-6-ISAKMP_ON_OFF: ISAKMP is ON
```

说明：R1 与 ASA 的 IKE 和 IPSec 策略必须保持一致。

4）测试 VPN

（1）从上海公司 R5 向北京公司 R4 发送流量

```
r5#ping 192.168.1.4
Type escape sequence to abort.
Sending 5, 100-byte ICMP Echos to 192.168.1.4, timeout is 2 seconds:
!!!!!
Success rate is 100 percent (5/5), round-trip min/avg /max = 44/96/160 ms
```

说明：上海公司 R5 向北京公司 R4 发送的 5 个数据包中，有 5 个成功穿越了 Internet，说明该流量激活了 IKE SA，并且在双方成功建立了 IPSec 隧道，所以才实现了 VPN 的功能。需要注意的是，如果没有触发流量成功，应到对端发送流量触发。

（2）再从北京公司 R4 向上海公司 R5 发送流量

```
r4#ping 10.1.1.5
Type escape sequence to abort.
Sending 5, 100-byte ICMP Echos to 10.1.1.5, timeout is 2 seconds:
.!!!!
Success rate is 80 percent (4/5), round-trip min/avg /max = 48/103/148 ms
```

说明：由于双方 VPN 配置正确且相同，所以 VPN 隧道已经成功转发双方的流量。

（3）查看 R1 上 IKE SA 的 peer

```
r1#show crypto isakmp peers
Peer: 23.1.1.3 Port: 500 Local: 12.1.1.1
Phase1 id: 23.1.1.3
```

说明：R1 已经成功与 ASA 建立 IKE peer，说明 IKE SA 也应该成功建立，R1 本地源地址为 12.1.1.1，目标为 23.1.1.3，目标端口号为 500。

（4）查看 R1 上的 IKE SA（ISAKMP SA）

```
r1#show crypto isakmp sa
IPv4 Crypto ISAKMP SA
dst src     state    conn-id slot status
12.1.1.1 23.1.1.3    QM_IDLE       1002   0 ACTIVE
IPv6 Crypto ISAKMP SA
```

说明：R1 已经成功与 ASA 建立 IKE SA。

（5）查看 R1 上的 IPSec SA

```
r1#show crypto IPSec sa
interface: FastEthernet0/0
Crypto map tag: 121, local addr 12.1.1.1
protected vrf: (none)
local ident (addr/mask/prot/port): (10.1.1.0/255.255.255.0/0/0)
remote ident (addr /mask/prot/port): (192.168.1.0/255.255.255.0/0/0)
current_peer 23.1.1.3 port 500
PERMIT, flags={origin_is_acl,}
#pkts encaps: 922, #pkts encrypt: 922, #pkts digest: 922
#pkts decaps: 906, #pkts decrypt: 906, #pkts verify: 906 #pkts compressed: 0, #pkts decompressed: 0
```

```
    #pkts not compressed: 0, #pkts compr. failed: 0
    #pkts not decompressed: 0, #pkts decompress failed: 0 #send errors 12,
#recv errors 0
    local crypto endpt.: 12.1.1.1, remote crypto endpt.: 23.1.1.3
    path mtu 1500, ip mtu 1500, ip mtu idb FastEthernet0/0
    current outbound spi: 0x1E66BA90(510048912)
    inbound esp sas:
    spi: 0xF04751E8(4031205864)
    transform: esp-3des esp-sha-hmac , in use settings = {Tunnel, }
    conn id: 5, flow_id: SW:5, crypto map: l2l
    sa timing: remaining key lifetime (k/sec): (4564889/3556) IV size: 8 bytes
    replay detection support: Y
    Status: ACTIVE
    inbound ah sas:
    inbound pcp sas:
    outbound esp sas:
    spi: 0x1E66BA90(510048912)
    transform: esp-3des esp-sha-hmac ,
    in use settings = {Tunnel, }
    conn id: 6, flow_id: SW:6, crypto map: l2l
    sa timing: remaining key lifetime (k/sec): (4564889/3555)
    IV size: 8 bytes
    replay detection support: Y
    Status: ACTIVE
    outbound ah sas:
    outbound pcp sas:
```

说明：IPSec SA 中显示之前通了的包成功被 IPSec 加密，并且可以看出该 SA 为 Active 状态，特别要注意的是，目前的 IPSec mode 工作在 Tunnel 模式。

（6）查看上海公司向北京公司发送数据包的路径走向

```
    r5#traceroute 192.168.1.4
    Type escape sequence to abort.
    Tracing the route to 192.168.1.4
    1 10.1.1.1 124 msec 68 msec 48 msec
    2 192.168.1.4 304 msec 480 msec *
```

说明：从上海公司发向北京公司的数据包到达上海的路由器后，可以看出中间只有一跳，就到达了目的地，说明中间的多跳已经被隧道取代为一跳了。

（7）查看 ASA 上 IKE SA 的 peer

```
    ciscoasa# show crypto isakmp sa
    Active SA: 1
    Rekey SA: 0 (A tunnel will report 1 Active and 1 Rekey SA during rekey)
Total IKE SA: 1
    1 IKE Peer: 12.1.1.1
    Type    : L2L     Role    : initiator
    Rekey   : no      State   : MM_ACTIVE
```

说明：在 ASA 上看到已经成功与 R1 建立 IKE peer，说明 IKE SA 也应该成功建立。

（8）查看 ASA 上激活的隧道数

```
ciscoasa# show crypto isakmp stats
Global IKE Statistics
Active Tunnels: 1
Previous Tunnels: 2
In Octets: 5012
In Packets: 34
In Drop Packets: 5
In Notifys: 10
In P2 Exchanges: 10
In P2 Exchange Invalids: 0
In P2 Exchange Rejects: 0
In P2 Sa Delete Requests: 1
Out Octets: 3648
Out Packets: 24
Out Drop Packets: 0
Out Notifys: 16
Out P2 Exchanges: 1
Out P2 Exchange Invalids: 0
Out P2 Exchange Rejects: 0
Out P2 Sa Delete Requests: 1
Initiator Tunnels: 1
Initiator Fails: 0
Responder Fails: 0
System Capacity Fails: 0
Auth Fails: 0
Decrypt Fails: 0
Hash Valid Fails: 0
No Sa Fails: 0
```

说明：如果已经与一方成功建立 IKE SA，那么在这里就需要看到至少 1 个活动隧道。

（9）查看 ASA 上的 IPSec SA

```
ciscoasa# show crypto IPSec sa
interface: outside
Crypto map tag: l2l, seq num: 1, local addr: 23.1.1.3
access-list vpn permit ip 192.168.1.0 255.255.255.0 10.1.1.0 255.255.255.0
local ident (addr /mask/prot/port): (192.168.1.0/255.255.255.0/0/0) remote ident (addr/mask/prot /port): (10.1.1.0/255.255.255.0/0/0) current_peer: 12.1.1.1
    #pkts encaps: 6, #pkts encrypt: 6, #pkts digest: 6
    #pkts decaps: 7, #pkts decrypt: 7, #pkts verify: 7
    #pkts compressed: 0, #pkts decompressed: 0
    #pkts not compressed: 6, #pkts comp failed: 0, #pkts decomp failed: 0
    #pre-frag successes: 0, #pre-frag failures: 0, #fragments created: 0
    #PMTUs sent: 0, #PMTUs rcvd: 0, #decapsulated frgs needing reassembly: 0
```

```
#send errors: 0, #recv errors: 0
    local crypto endpt.: 23.1.1.3, remote crypto endpt.: 12.1.1.1
    path mtu 1500, IPSec overhead 58, media mtu 1500
    current outbound spi: F04751E8
    inbound esp sas:
    spi: 0x1E66BA90 (510048912)
    transform: esp-3des esp-sha-hmac none
    in use settings ={L2L, Tunnel, }
    slot: 0, conn_id: 8192, crypto-map: l2l
    sa timing: remaining key lifetime (kB/sec): (4274999/3502)
    IV size: 8 bytes
    replay detection support: Y
    outbound esp sas:
    spi: 0xF04751E8 (4031205864)
    transform: esp-3des esp-sha-hmac none in use settings ={L2L, Tunnel, }
    slot: 0, conn_id: 8192, crypto-map: l2l
    sa timing: remaining key lifetime (kB/sec): (4274999/3502) IV size: 8 bytes
    replay detection support: Y
```

说明：IPSec SA 中显示了之前通了的包成功被 IPSec 加密，并且可以看出该 SA 为 Active 状态，同样，目前的 IPSec mode 工作在 Tunnel 模式。

5）测试 NAT 对 LAN-to-LAN VPN 的影响

（1）在 ASA 上配置 NAT

```
ciscoasa(config)# global (outside) 1 interface
INFO: outside interface address added to PAT pool
ciscoasa(config)# nat (inside ) 1 0.0.0.0 0.0.0.0
```

说明：在北京公司防火墙 ASA 上开启 NAT，并且将所有内网流量通过 NAT 将源 IP 转换为外网接口 E0/1（即 outside 口）的地址。

（2）从上海公司 R5 向北京公司 R4 发送流量

```
r5#ping 192.168.1.4
Type escape sequence to abort.
Sending 5, 100-byte ICMP Echos to 192.168.1.4, timeout is 2 seconds:
Success rate is 0 percent (0/5)
```

说明：和预期一样，IPSec 流量是不能穿越 NAT 的。

（3）从北京公司 R4 向上海公司 R5 发送流量

```
r4#ping 10.1.1.5
Type escape sequence to abort.
Sending 5, 100-byte ICMP Echos to 10.1.1.5, timeout is 2 seconds:
Success rate is 0 percent (0/5)
```

说明：北京公司到上海公司的流量也不能穿越 NAT。

（4）配置 ASA 使北京公司到上海公司的流量绕过 NAT

```
ciscoasa(config)#access-list nonat extended permit ip   １９２．１６８．１．０
255.255.255.0 10.1.1.0 255.255.255.0
```

```
ciscoasa(config)# nat (inside) 0 access-list nonat
```

说明：在 NAT 进程为 0 的流量则不被 NAT 转换，所以北京公司到上海公司的流量不被 NAT 转换。

（5）再次从北京公司 R4 向上海公司 R5 发送流量

```
r5#ping 192.168.1.4
Type escape sequence to abort.
Sending 5, 100-byte ICMP Echos to 192.168.1.4, timeout is 2 seconds:
!!!!!
Success rate is 100 percent (5/5), round-trip min/avg /max = 44/93/232 ms
```

说明：因为配置了北京公司到上海公司的流量不被 NAT 转换，所以北京公司到上海公司的流量再次通过 IPSec VPN 隧道穿越了 Internet。

（6）再次从上海公司 R5 向北京公司 R4 发送流量

```
r4#ping 10.1.1.5
Type escape sequence to abort.
Sending 5, 100-byte ICMP Echos to 10.1.1.5, timeout is 2 seconds:
!!!!!
Success rate is 100 percent (5/5), round-trip min/avg /max = 64/140/232 ms
```

说明：同上述原因，上海公司到北京公司的流量再次通过 IPSec VPN 隧道穿越了 Internet。

任务拓展——IPSec Dynamic LAN-to-LAN VPN (DyVPN)

在普通 LAN-to-LAN VPN 中，在配置 ISAKMP Phase one 的身份认证时，需要指定对方 peer 的密码。不难发现，这个密码是基于 peer 邻居指定的，也就是需要为每一个 peer 定义一个密码，不仅如此，在定义 crypto map 时，同样也需要指定 peer 的地址，以此来定义加密数据发往的对端，结果就是需要为每一个 VPN 邻居输入一组相应配置，随着 VPN 邻居的增加，这样的重复配置就会随之增加。试想一下，假如一个大型公司有 1000 家分公司，这 1000 家分公司都要和总公司通过 VPN 通信，那么就需要使总公司的 VPN 设备和 1000 个邻居建立 VPN。这样一来，每家分公司只要配置好对总公司的 VPN 配置就可以了，但是总公司的设备却需要为每个分公司配置一组配置，最终需要配置总共 1000 组 VPN 配置，这是一件多么恐怖的工作；并且这台总公司 VPN 设备会变得难以管理，不可维护，所以普通 LAN-to-LAN VPN 要用在拥有多个分公司的环境下，是不可取的，并且如果 VPN 双方有任何一方的 IP 地址事先不知道或地址不固定，也不能建立 VPN。

分析一下，造成上述问题的原因是，普通 LAN-to-LAN VPN 需要为每个 peer 指定认证密码，所以 peer 的增加，就意味着配置的增加，因为每个 peer 的认证密码都需要事先定义好，如果可以使用一条命令为多个 peer 指定认证密码，这就可以让配置简化，使用通配符的方法定义与密码相对应的 peer，只要被该 ACL 匹配到的 peer，都使用该认证密码，比如 10.1.1.0、0.0.0.255 就能够匹配 10.1.1.1 至 10.1.1.254 范围内的所有地址，这种配置认证的方法称为使用通配符的配置方法，可以通过定义 peer 的地址范围来配置密码，就可以实现密码多用的功能，在 peer 数量众多的情况下，明显可以减少工作量。令人高兴的是，如果要和多个 peer 建立 VPN，甚至在连 peer 的地址范围会是多少都不知道的情况下，也没有关系，可以将通配符写成 0.0.0.0 0.0.0.0，这就表示任意地址，这样的结果就是无论 peer 是谁，定义的认证密码都对它生效，这样一来，无论是要和 1000 个 peer 建 VPN，还是要和 10000 个 peer 建 VPN 都没关系，因为只需要使用一条命令来定义密码，即可接受任何地址的连接。之前我们提到过，不仅需要为每个 peer 定义认证密码，还需要为每个 peer 定义 crypto map，在每个 crypto map 中，指定相应的 peer，为每个 peer 定义认证密码的工作已经通过使用通配符的配置方法解决了工作量，但为每个 peer 定义 crypto map 仍然是件恐怖的工作。所以也必须想办法配置一次 crypto map 能够让多个 peer 使用，这样一个 crypto map 为多个 peer 使用的模式，称为 dynamic map（动态 map）。dynamic map 不再单独定义每个 peer 地址，而采用定义 0.0.0.0 来表示任意地址，即该 dynamic map 为任何 peer 使用。这样一来，无论有多少个 peer，无论 peer 是谁，都使用 dynamic map 去应对。

通过结合使用通配符认证配置方法与 dynamic map，就可以不管有多少个 VPN peer，只需配置 1 次认证密码与 1 个 dynamic map 就能实现，而且即使 VPN peer 的数量不停增加也没关系，因为 VPN 配置可以接受任意地址的连接，所以无论和多少个 VPN peer 连接，我们的配置始终保持不变。

配置 Dynamic LAN-to-LAN VPN 时，需要注意两点，即 Hub 端需要使用通配符认证配置方法和 dynamic map 技术，其他配置部分与配置需求和普通 LAN-to-LAN VPN 一样。

以图 5-22 所示的环境来实现 Dynamic LAN-to-LAN VPN。在图中，有上海、北京和广州共三个公司的网络，上海要同时和北京与广州的网络实现 VPN 通信，其中北京路由器 R3 的 IP 地址是预先知道的，即 23.1.1.3，这样上海便能与北京轻松实现 VPN；而广州的路由器 R4 的 IP 地址是通过 DHCP 获得的，事先无法知道 IP 地址，在这种情况下，通过配置 Dynamic LAN-to-LAN VPN 来使上海公司的 ASA 防火墙接受任何公司的 VPN 连接，而不管其 IP 地址是多少。

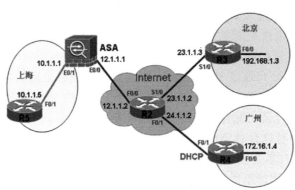

图5-22 网络拓扑图

注：在图5-22中，即使VPN场点增加，在上海ASA防火墙上，不需要更改任何配置，都能接受对方的VPN连接。

Router-to-ASA Dynamic LAN-to-LAN VPN 的配置：

```
ciscoasa(config)# crypto isakmp policy 1
ciscoasa(config-isakmp-policy)# encryption 3des
ciscoasa(config-isakmp-policy)# hash sha
ciscoasa(config-isakmp-policy)# authentication pre-share ciscoasa(config-isakmp-policy)# group 2
```

```
ciscoasa(config-isakmp-policy)# exit
ciscoasa(config)# crypto IPSec transform-set ccie esp-3des esp-sha-hmac
ciscoasa(config)# crypto dynamic-map dymap 1 set transform-set ccie
ciscoasa(config)# crypto dynamic-map dymap 1 set reverse-route
ciscoasa(config)# crypto map mymap 10 IPSec-isakmp dynamic dymap
ciscoasa(config)# crypto map mymap interface outside
ciscoasa(config)# isakmp enable outside
ciscoasa(config)# isakmp key cisco123 address 0.0.0.0 netmask 0.0.0.0
```

 项目实训

[实训题]

通过 GNS3 搭建网络实验平台，实验拓扑图如图 5-23 所示，在上海公司和北京分公司之间使用 ASA 采用 IPSec VPN 技术，实现信息能穿越 Internet 安全地进行传输。

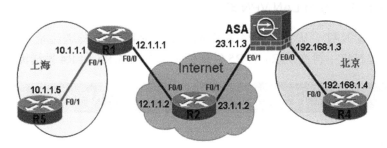

图5-23　实验拓扑图

[实训目的]

（1）熟练运用 GNS3 构建实验平台。
（2）掌握 IPSec VPN 的基本配置。
（3）了解 IPSec VPN 的工作机制。

[实训条件]

（1）Windows 系统中安装 GNS3 软件。
（2）加载 Cisco 系列路由器的 IOS 和 ASA 防火墙。

[实训步骤]

1. 配置基础网络环境

配置 R1 的接口地址，并写默认路由指向路由器 R2；配置 R2 的接口地址，R2 不需要任何路由；配置 R4 的接口地址，并写默认路由指向 ASA；配置 R5 的接口地址，并写默认路由指向上海公司出口路由器 R1；配置 ASA 的接口地址，并写默认路由指向路由器 R2。

2．测试基础网络环境

测试 R1 到 ASA 的连通性；测试 R1 到 R4 的连通性；测试 R5 到 R4 的连通性；查看 R2 的路由表。

3．配置 LAN-to-LAN IPSec VPN

配置 IKE（ISAKMP）策略；定义认证标识；配置 IPSec transform；定义感兴趣流量；创建 crypto map；将 crypto map 和 ISAKMP 策略应用于接口。

4．测试 VPN

从 R5 向 R4 发送流量；再从 R4 向 R5 发送流量；查看 R1 上 IKE SA 的 peer；查看 R1 上的 IKE SA；查看 R1 上的 IPSec SA；查看 R5 向 R4 发送数据包的路径走向；查看 ASA 上 IKE SA 的 peer；查看 ASA 上激活的隧道数；查看 ASA 上的 IPSec SA。

5．测试 NAT 对 LAN-to-LAN VPN 的影响

在 ASA 上配置 NAT；从 R5 向 R4 发送流量；从 R4 向 R5 发送流量；配置 ASA 使 R4 到 R5 的流量绕过 NAT；再次从 R4 向 R5 发送流量；再次从 R5 向 R4 发送流量进行验证。

任务5-2　构建SSL VPN

 任务描述

本节将介绍在 ASA 防火墙上配置 SSL VPN，即配置 SSL VPN over ASA。

下面以图 5-24 所示的网络拓扑图来演示 SSL VPN 的效果，其中远程的 PC 机需要直接使用私有地址来访问公司总部 10.1.1.0/24 和 4.4.4.4/32，而 R2 则相当于 Internet 路由器。R2 只负责让 ASA 与 R3 能够通信，R2 不会配置任何路由，R2 不允许拥有公司总部的 10.1.1.0/24 和 4.4.4.4/32 及 PC 所在的 30.1.1.0/24；ASA 为公司总部的 SSL VPN Server，PC 需要先和 ASA 的公网出口能够通信，然后通过与 ASA 建立 SSL VPN，最终通过 VPN 隧道来穿越没有路由的 R2，实现在私网与私网之间穿越公网的通信。因为 PC 要先和 ASA 的公网接口能够通信，所以 R3 需要对 PC 所在的网段 30.1.1.0/24 进行 NAT 转换，因为 R3 和 ASA 的公网是通的。

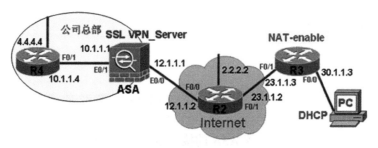

图5-24　网络拓扑图

 **相关知识**

GNS3 模拟 ASA 上传 VPN Client 的过程如下：

（1）首先在自己的电脑中建立一个 TFTP 服务器，然后把 VPN Client 的镜像文件放在 TFTP 的根目录下，如图 5-25 所示。

图5-25　准备TFTP服务器

（2）启动 TFTP 服务器，并做好相应的设置，如图 5-26 所示。

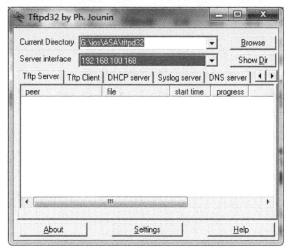

图5-26　启动并进行TFTP设置

（3）然后在 GNS3 中建立一个如图 5-27 所示的拓扑：将云设置为桥接在物理网卡或者 Loopback 口上，然后将 ASA、云和交换机连接在一起。

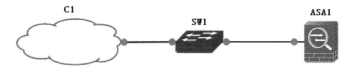

图5-27　ASA拓扑图

（4）查看 ASA 存储信息，打开 ASA，然后重新启动 ASA，保证 ASA 的存储空间有 256MB 的容量，如图 5-28 所示。

```
Type help or ? for a list of available commands.
ciscoasa> show fl
ciscoasa> show flash:
--#--  --length--    -----date/time------  path
    5        4096    Jan 22 2011 07:13:47  .private
    6           0    Jan 22 2011 07:13:47  .private/mode.dat
    7           0    Jan 22 2011 07:13:47  .private/DATAFILE

268136448 bytes total (242642944 bytes free)
ciscoasa>
```

图5-28　查看ASA存储空间

（5）然后开始配置 ASA，相关的配置如下。

```
ASA1>en
ASA#conf t
ASA(config)#int e0/0
ASA(config-if)#ip add 192.168.100.10 255.255.255.0
ASA(config-if)#nameif inside
ASA(config-if)#no shut
ASA(config-if)#end
ASA#copy tftp: flash:
```

接着输入 TFTP 主机的地址、输入 VPN Client 的文件名信息后开始传输，如图 5-29 所示。

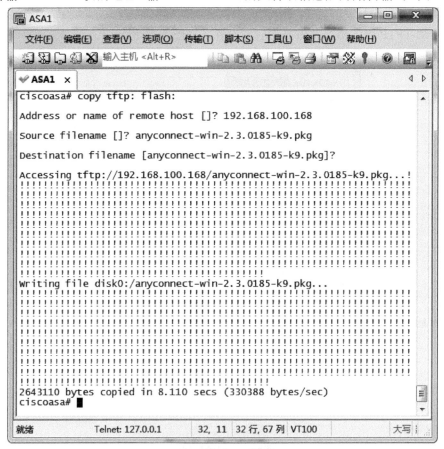

图5-29　上传ADSM管理工具

（6）上传完毕后，显示 FLASH，如图 5-30 所示。

图5-30 查看上传结果

任务操作

1. 配置基础网络环境

（1）配置 ASA

```
ciscoasa(config)# int e0/0
ciscoasa(config-if)# ip add 12.1.1.1 255.255.255.0
ciscoasa(config-if)# nameif outside
INFO: Security level for "outside" set to 0 by default.
ciscoasa(config-if)# no shutdown
ciscoasa(config-if)# exit
ciscoasa(config)# int e0/1
ciscoasa(config-if)# ip add 10.1.1.1 255.255.255.0
ciscoasa(config-if)# nameif inside
INFO: Security level for "inside" set to 100 by default.
ciscoasa(config-if)# no shutdown
ciscoasa(config-if)# exit
ciscoasa(config)# route inside 4.4.4.4 255.255.255.255 10.1.1.4
ciscoasa(config)# route outside 0 0 12.1.1.2
```

说明：配置 ASA 的接口地址，并写指向 R4 的 Loopback 地址 4.4.4.4 的路由，同时写默认路由指向 Internet（路由器 R2），地址为 12.1.1.2。

（2）配置 R2

```
r2(config)#int f0/0
r2(config-if)#ip add 12.1.1.2 255.255.255.0
r2(config-if)#no sh
r2(config-if)#exit
r2(config)#int f0/1
r2(config-if)#ip add 23.1.1.2 255.255.255.0
r2(config-if)#no sh
r2(config-if)#exit
```

```
r2(config)#int loopback 0
r2(config-if)#ip add 2.2.2.2 255.255.255.0
r2(config-if)#exit
r2(config)#line vty 0 15
r2(config-line)#no login
r2(config-line)#exit
```

说明：配置 R2 的接口地址，并配置 Loopback 的地址 2.2.2.2/32，最后打开 VTY 线路供远程用户作 Telnet 测试；因为 R2 模拟 Internet，R2 只需要有公网路由 12.1.1.0 和 23.1.1.0 即可，所以 R2 不需要写任何路由，也不允许写任何路由。

（3）配置 R3

```
r3(config)#int f0/0
r3(config-if)#ip add 30.1.1.3 255.255.255.0
r3(config-if)#no sh
r3(config-if)#exit
r3(config)#int f0/1
r3(config-if)#ip add 23.1.1.3 255.255.255.0
r3(config-if)#no sh
r3(config-if)#exit
r3(config)#ip route 0.0.0.0 0.0.0.0 23.1.1.2
r3(config)#service dhcp
r3(config)#ip dhcp pool net30
r3(dhcp-config)#network 30.1.1.0 255.255.255.0
r3(dhcp-config)#default-router 30.1.1.3
r3(dhcp-config)#dns-server 202.96.209.133
r3(dhcp-config)#exit
r3(config)#ip dhcp excluded-address 30.1.1.3
r3(config)#int f0/0
r3(config-if)#ip nat inside
r3(config-if)#exit
r3(config)#int f0/1
r3(config-if)#ip nat outside
r3(config-if)#exit
r3(config)#access-list 3 permit any
r3(config)#ip nat inside source list 3 interface f0/1 overload
```

说明：配置 R3 的接口地址，并写默认路由指向 Internet（路由器 R2），地址为 23.1.1.2；并且在 R3 上开启 DHCP，让 PC 动态获得 IP 地址；同时 R3 将 PC 所在的网段全部 NAT 转换成外网接口地址 23.1.1.3 与 Internet 互联。

（4）配置 R4

```
r4(config)#int f0/1
r4(config-if)#ip add 10.1.1.4 255.255.255.0
r4(config-if)#no sh
r4(config-if)#exit
r4(config)#int loopback 0
r4(config-if)#ip address 4.4.4.4 255.255.255.0
```

```
r4(config-if)#exit
r4(config)#ip route 0.0.0.0 0.0.0.0 10.1.1.1
r4(config)#line vty 0 15
r4(config-line)#no login
r4(config-line)#exit
```

说明：配置R4的接口地址，并写默认路由指向公司总部出口ASA防火墙。同时配置Loopback地址4.4.4.4/32，最后打开VTY线路供远程用户作Telnet测试。

2．测试基础网络环境

（1）查看PC机的IP地址获取情况，如图5-31所示。

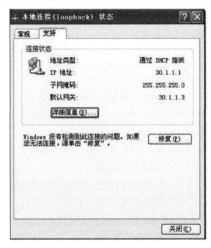

图5-31 查看PC机的IP地址获取情况

（2）测试R3到ASA的连通性。

```
r3#ping 12.1.1.1
Type escape sequence to abort.
Sending 5, 100-byte ICMP Echos to 12.1.1.1, timeout is 2 seconds:
!!!!!
Success rate is 100 percent (5/5), round-trip min/avg /max = 268/323/444 ms
```

说明：因为R3与ASA都有默认路由指向Internet（路由器R2），而R2与R3和ASA都是可达的，所以R3与ASA通信正常。

（3）测试R3到R2的Loopback连通性。

```
r3#ping 2.2.2.2
Type escape sequence to abort.
Sending 5, 100-byte ICMP Echos to 2.2.2.2, timeout is 2 seconds:
!!!!!
Success rate is 100 percent (5/5), round-trip min/avg /max = 96/260/376 ms
```

说明：因为R3有默认路由指向Internet（路由器R2），所以R3与R2的Loopback通信正常。

（4）测试R3到公司总部的10.1.1.0/24和4.4.4.4/32的连通性。

```
r3#ping 10.1.1.4
Type escape sequence to abort.
```

```
Sending 5, 100-byte ICMP Echos to 10.1.1.4, timeout is 2 seconds:
U.U.U
Success rate is 0 percent (0/5)
r3#ping 4.4.4.4
Type escape sequence to abort.
Sending 5, 100-byte ICMP Echos to 4.4.4.4, timeout is 2 seconds:
.U..U
Success rate is 0 percent (0/5)
```

说明：虽然 R3 有默认路由指向 Internet 路由器 R2，但 R2 只有公网路由 12.1.1.0 和 23.1.1.0，只能保证 R3 与 ASA 的通信，所以 R3 无法访问公司总部的私有网段 10.1.1.0/24 和 4.4.4.4/32。

（5）查看 R2 的路由表

```
r2#sh ip route
Codes: C - connected, S - static, R - RIP, M - mobile, B - BGP
D - EIGRP, EX - EIGRP external, O - OSPF, IA - OSPF inter area
N1 - OSPF NSSA external type 1, N2 - OSPF NSSA external type 2
E1 - OSPF external type 1, E2 - OSPF external type 2
i - IS-IS, su - IS-IS summary, L1 - IS-IS level-1, L2 - IS-IS level-2
ia - IS-IS inter area, * - candidate default, U - per-user static route
o - ODR, P - periodic downloaded static route
Gateway of last resort is not set
2.0.0.0/24 is subnetted, 1 subnets
C    2.2.2.0 is directly connected, Loopback0
23.0.0.0/24 is subnetted, 1 subnets
C    23.1.1.0 is directly connected, FastEthernet0/1
12.0.0.0/24 is subnetted, 1 subnets
C    12.1.1.0 is directly connected, FastEthernet0/0
```

说明：因为 R2 模拟 Internet 路由器，所以 R2 没有写任何路由，R2 的责任就只是保证 ASA 与 R3 能够通信即可。

（6）测试 PC 到 ASA 以及到 R2 的 Loopback 的连通性，如图 5-32 所示。

说明：因为 PC 的默认网关指向路由器 R3，并且 R3 已经配置 NAT 将 PC 所在的网段全部转换成外网接口地址 23.1.1.3 与 Internet 互联，所以 PC 与 ASA 和 R2 的 Loopback 通信正常。

```
C:\>ping 12.1.1.1

Pinging 12.1.1.1 with 32 bytes of data:

Reply from 12.1.1.1: bytes=32 time=654ms TTL=253
Reply from 12.1.1.1: bytes=32 time=515ms TTL=253
Reply from 12.1.1.1: bytes=32 time=598ms TTL=253
Reply from 12.1.1.1: bytes=32 time=301ms TTL=253

C:\>ping 2.2.2.2

Pinging 2.2.2.2 with 32 bytes of data:

Reply from 2.2.2.2: bytes=32 time=428ms TTL=254
Reply from 2.2.2.2: bytes=32 time=490ms TTL=254
Reply from 2.2.2.2: bytes=32 time=488ms TTL=254
Reply from 2.2.2.2: bytes=32 time=231ms TTL=254
```

图5-32　测试网络连通性

（7）查看 PC 与 R2 的 Loopback 通信时的源地址，如图 5-33 所示。

图5-33 查看通信源地址

说明：因为 R3 已经配置 NAT 将 PC 所在的网段全部转换成外网接口地址 23.1.1.3 与 Internet 互联，所以 PC 是使用源地址 23.1.1.3 与 R2 的 Loopback 通信的，同样也应该是使用源地址 23.1.1.3 与 ASA 通信的。

（8）测试 PC 到公司总部的 10.1.1.0/24 和 4.4.4.4/32 的连通性，如图 5-34 所示。

图5-34 测试PC与总部的连通性

说明：因为连 R3 都与公司总部的 10.1.1.0/24 和 4.4.4.4/32 不能通信，所以 PC 更不能。

3．配置 SSL VPN

（1）将 SSL VPN Client 模块传至 ASA 防火墙

```
ciscoasa# dir
Directory of disk0:/
4    drwx    2048    03:20:10 Nov 26 2008        .private
7    drwx    2048    14:33:48 Dec 03 2007 boot
15   -rwx    7562988 03:26:02 Nov 26 2008 asdm-613.bin
16   -rwx    2643,110 03:27:14 Nov 26 2008 anyconnect-win-2.3.0185-k9.pkg
15679488 bytes total (7690240 bytes free)
```

（2）开启 SSL VPN 并安装 Client 模块

```
ciscoasa(config)# webvpn
ciscoasa(config-webvpn)# enable outside
INFO: WebVPN and DTLS are enabled on 'outside'.
ciscoasa(config-webvpn)# svc image disk0:/anyconnect-win-2.3.0185-k9.pkg
ciscoasa(config-webvpn)# svc enable
ciscoasa(config-webvpn)# tunnel-group-list enable
ciscoasa(config-webvpn)# exit
```

(3) 配置自动分配给用户的地址池

```
ciscoasa(config)# ip local pool ccie 100.1.1.100-100.1.1.200 mask 255.255.255.0
```

(4) 定义隧道分离网段

```
ciscoasa(config)# access-list split-ssl extended permit ip 10.1.1.0 255.255.255.0 any
ciscoasa(config)# access-list split-ssl extended permit ip 4.4.4.4 255.255.255.255 any
```

(5) 定义组策略属性

```
ciscoasa(config)# group-policy SSLCLientPolicy internal
ciscoasa(config)# group-policy SSLCLientPolicy attributes
ciscoasa(config-group-policy)# address-pools value ccie
ciscoasa(config-group-policy)# dns-server value 202.96.209.133
ciscoasa(config-group-policy)# default-domain value cisco.com
ciscoasa(config-group-policy)# vpn-tunnel-protocol svc
ciscoasa(config-group-policy)# split-tunnel-policy tunnelspecified
ciscoasa(config-group-policy)# split-tunnel-network-list value split-ssl
ciscoasa(config-group-policy)# exit
```

(6) 定义隧道策略属性

```
ciscoasa(config)# tunnel-group mygroup type remote-access
ciscoasa(config)# tunnel-group mygroup general-attributes
ciscoasa(config-tunnel-general)# default-group-policy SSLCLientPolicy
ciscoasa(config-tunnel-general)# tunnel-group mygroup webvpn-attributes
ciscoasa(config-tunnel-webvpn)# group-alias mygroup enable
ciscoasa(config-tunnel-webvpn)# exit
```

(7) 定义用来认证的账户

```
ciscoasa(config)# username chinaccie password chinaccie
```

4．测试 SSL VPN

(1) 在 PC 上建立 SSL VPN 连接

① 在网页浏览器中输入 SSL VPN Server 外网地址：https://12.1.1.1，连接 SSL VPN Server，如图 5-35 所示。

图5-35　连接SSL VPN服务器

项目5 基于VPN设备的VPN网络的组建

说明：弹出证书相关的"安全警报"对话框之后，单击"是"按钮。

② 弹出如图5-36所示的登录认证界面之后，输入定义好的账户。

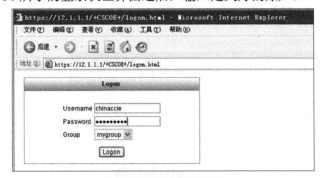

图5-36 登录认证界面

③ 输入账户之后，弹出加载Client插件的界面，如图5-37所示。

图5-37 加载Client插件的界面

④ 在等待中，会弹出与证书相关的信息对话框，单击"是"按钮，如图5-38所示。

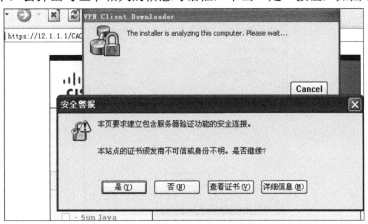

图5-38 与证书相关的信息对话框

⑤ 最终，SSL VPN 建立成功，SSL VPN 连接成功的界面如图 5-39 所示。

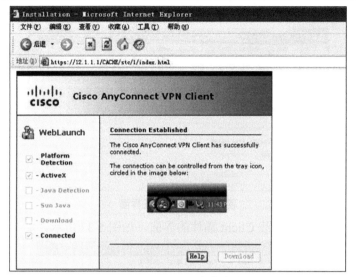

图5-39　SSL VPN连接成功的界面

⑥ SSL VPN 建立成功后，还会在电脑桌面的右下角出现绿色小锁的图标，在该绿色小锁的图标上单击鼠标右键，从弹出的快捷菜单中选择 Open AnyConnect 命令，如图 5-40 所示。

 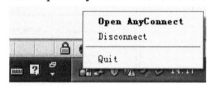

图5-40　连接成功验证

⑦ 然后可以查看连接属性，如图 5-41 所示。

图5-41　查看连接属性

说明：从图 5-41 中可以看出，从 SSL VPN Server 那里自动分配到的地址是 100.1.1.100，并且还可以看到数据包转发情况。单击 Details 按钮查看更详细的信息，如图 5-42 所示。

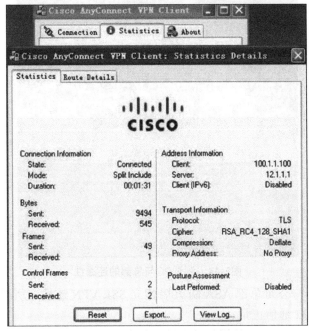

图5-42　查看VPN连接详细属性

⑧ 查看当前隧道分离情况如图 5-43 所示。

说明：与配置的效果一样，去往公司总部的 10.1.1.0/24 和 4.4.4.4/32 需要从 VPN 隧道走。

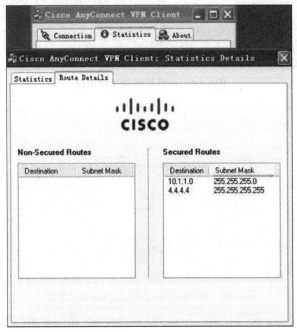

图5-43　查看当前隧道分离情况

（2）再次测试 PC 到公司总部的 10.1.1.0/24 和 4.4.4.4/32 的连通性（见图 5-44）

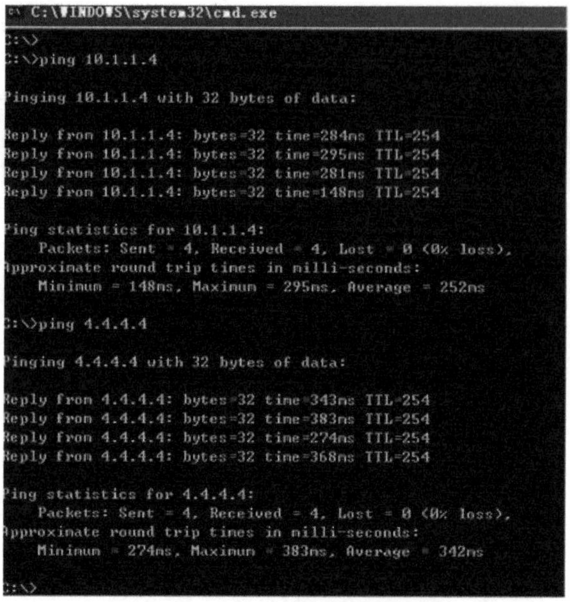

图5-44 测试PC与总部的连通性

说明：因为已经与公司总部 ASA 防火墙建立 SSL VPN 连接，所以现在与公司总部的 10.1.1.0/24 和 4.4.4.4/32 通信正常。

（3）查看 PC 到公司总部的数据包源地址（见图 5-45）

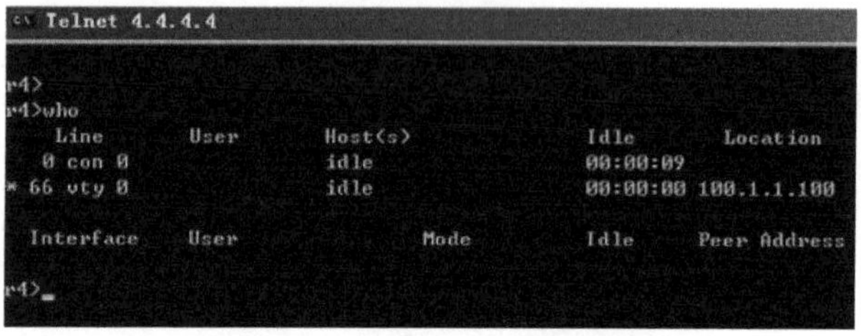

图5-45 查看数据包的源地址

说明：SSL VPN Client 是以从 Server 那里动态分配的地址为源和 Server 的网段进行通信的。

（4）再次测试 PC 到 R2 的 Loopback 连通性（见图 5-46）

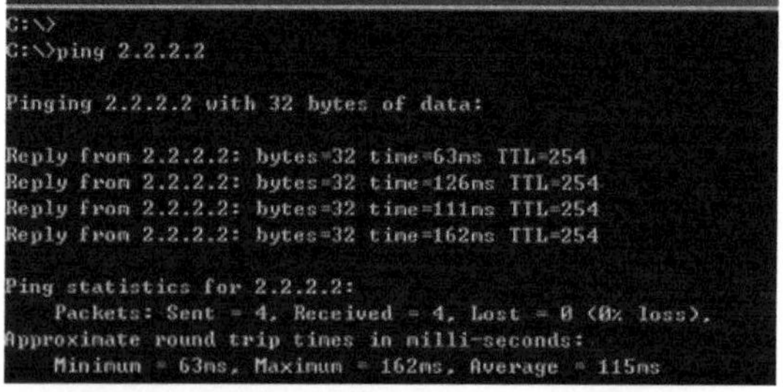

图5-46 测试PC到R2的Loopback连通性

说明：因为已经配置了隧道分离，所以 PC 到 Internet 路由器 R2（2.2.2.2）是通的。

（5）查看 PC 到公司总部的 10.1.1.0/24 和 4.4.4.4/32 及 Internet 地址 2.2.2.2/32 的路由路径（见图 5-47）

```
C:\>tracert 10.1.1.4

Tracing route to 10.1.1.4 over a maximum of 30 hops

  1  1925 ms   580 ms   765 ms  10.1.1.4

Trace complete.

C:\>tracert 4.4.4.4

Tracing route to 4.4.4.4 over a maximum of 30 hops

  1   575 ms   755 ms   468 ms  4.4.4.4

Trace complete.

C:\>tracert 2.2.2.2

Tracing route to 2.2.2.2 over a maximum of 30 hops

  1   190 ms    81 ms   145 ms  30.1.1.3
  2   641 ms   630 ms   234 ms  2.2.2.2

Trace complete.
```

图5-47 查看PC到总部和Internet的路由路径

说明：从 PC 发向公司总部的数据包直接到达公司总部 ASA 防火墙，说明中间的多跳已经被 VPN 隧道取代为一跳了，而到 Internet 地址 2.2.2.2/32 的数据包还是从正常接口出去的。

（6）查看 PC 的路由表（见图 5-48）

```
C:\WINDOWS\system32\cmd.exe
0x1 ........................... MS TCP Loopback interface
0x2 ...00 0c 29 36 ba bc ...... VMware Accelerated AMD PCNet Adapter - Determini
stic Network Enhancer Miniport
0x40004 ...00 05 9a 3c 78 00 ...... Cisco Systems VPN Adapter - Deterministic N
twork Enhancer Miniport
===========================================================================
===========================================================================
Active Routes:
Network Destination        Netmask          Gateway       Interface  Metric
          0.0.0.0          0.0.0.0         30.1.1.3        30.1.1.1      10
          4.4.4.4  255.255.255.255      100.1.1.101     100.1.1.101       1
         10.1.1.0    255.255.255.0      100.1.1.101     100.1.1.101       1
         12.1.1.1  255.255.255.255         30.1.1.3        30.1.1.1       1
         30.1.1.0    255.255.255.0         30.1.1.1        30.1.1.1      10
         30.1.1.1  255.255.255.255        127.0.0.1       127.0.0.1      10
         30.1.1.3  255.255.255.255         30.1.1.1        30.1.1.1       1
   30.255.255.255  255.255.255.255         30.1.1.1        30.1.1.1      10
        100.0.0.0        255.0.0.0      100.1.1.101     100.1.1.101      10
      100.1.1.101  255.255.255.255        127.0.0.1       127.0.0.1      10
  100.255.255.255  255.255.255.255      100.1.1.101     100.1.1.101      10
        127.0.0.0        255.0.0.0        127.0.0.1       127.0.0.1       1
        224.0.0.0        240.0.0.0         30.1.1.1        30.1.1.1      10
        224.0.0.0        240.0.0.0      100.1.1.101     100.1.1.101      10
  255.255.255.255  255.255.255.255         30.1.1.1        30.1.1.1       1
  255.255.255.255  255.255.255.255      100.1.1.101     100.1.1.101       1
Default Gateway:          30.1.1.3
===========================================================================
```

图5-48 查看PC的路由表

说明：从 PC 的路由表中可以看出，因为配置了隧道分离，所以只有发往公司总部的 10.1.1.0/24 和 4.4.4.4/32 的流量才从 VPN 接口 100.1.1.101 发出，而其他流量都从正常接口（30.1.1.3）发出，因为默认网关就是 30.1.1.3。

（7）查看 SSL VPN Server 的路由表情况

```
    ciscoasa# sh route
    Codes: C - connected, S - static, I - IGRP, R - RIP, M - mobile, B - BGP
    D - EIGRP, EX - EIGRP external, O - OSPF, IA - OSPF inter area
    N1 - OSPF NSSA external type 1, N2 - OSPF NSSA external type 2
    E1 - OSPF external type 1, E2 - OSPF external type 2, E - EGP i - IS-IS,
L1 - IS-IS level-1, L2 - IS-IS level-2, ia - IS-IS inter area * - candidate
default, U - per-user static route, o - ODR
```

```
P - periodic downloaded static route
Gateway of last resort is 12.1.1.2 to network 0.0.0.0
S    100.1.1.100 255.255.255.255 [1/0] via 12.1.1.2, outside
S    4.4.4.4 255.255.255.255 [1/0] via 10.1.1.4, inside
C    10.1.1.0 255.255.255.0 is directly connected, inside
C    12.1.1.0 255.255.255.0 is directly connected, outside
S*   0.0.0.0 0.0.0.0 [1/0] via 12.1.1.2, outside
```

说明：SSL VPN Server 自动产生了一条指向动态分配给 Client 的主机地址的路由，说明默认没有 reverse-route 功能。ASA 上也看不出其他信息，所以不再继续查看。

任务拓展——测试NAT对SSL VPN的影响

（1）在 ASA 上配置 NAT。

```
ciscoasa(config)# global (outside) 1 interface
INFO: outside interface address added to PAT pool
ciscoasa(config)# nat (inside ) 1 0.0.0.0 0.0.0.0
```

说明：在 ASA 上配置 NAT 将所有 inside 的流量都转换为 outside 接口地址 12.1.1.1 与 Internet 互联。

（2）再次测试 PC 到公司总部的 10.1.1.0/24 和 4.4.4.4/32 的连通性，如图 5-49 所示。

图5-49　测试PC到公司总部的连通性

说明：在 SSL VPN Server 上，NAT 对 SSL VPN 的影响和其他 VPN 一样，所以在 SSL VPN Server 上配置了 NAT 后，需要 SSLVPN 传递的流量就全不通了。

（3）将相应流量从 NAT 中移除。

```
ciscoasa(config)# access-list nonat extended permit ip 10.1.1.0 255.255.255.0 any
ciscoasa(config)# nat (inside ) 0 access-list nonat
```

说明：将源 10.1.1.0/24 去往 SSL VPN Client 的流量从 NAT 中移除。

（4）再次测试 PC 到公司总部的 10.1.1.0/24 和 4.4.4.4/32 的连通性，如图 5-50 所示。

项目5 基于VPN设备的VPN网络的组建

图5-50 再次测试 PC 到公司总部的连通性

说明：因为源 10.1.1.0/24 去往 SSL VPN Client 的流量已经从 NAT 中移除，所以 PC 到 10.1.1.0/24 的流量正常，但到 4.4.4.4/32 的流量依然不通。

（5）再次将相应流量从 NAT 中移除。

```
ciscoasa(config)# access-list nonat extended permit ip 4.4.4.4
255.255.255.255 any
```

说明：除了将源 10.1.1.0/24 去往 SSL VPN Client 的流量从 NAT 中移除之外，再将源 4.4.4.4/32 去往 SSL VPN Client 的流量从 NAT 中移除。

（6）再次测试 PC 到公司总部的 10.1.1.0/24 和 4.4.4.4/32 的连通性，如图 5-51 所示。

图5-51 再次测试PC到公司总部的连通性

说明：因为源 10.1.1.0/24 和 4.4.4.4/32 去往 SSL VPN Client 的流量都已经从 NAT 中移除，所以 PC 到 10.1.1.0/24 和 4.4.4.4/32 的流量正常。

项目实训

[实训题]

通过 GNS3 及 VMware 构建实验平台。其中 ASA 作为 SSL VPN Server，R2 模拟 Internet。PC 连接到 VMware 模拟计算机。通过配置 SSL VPN，实现 PC 能访问总公司内部网络、同时也能访问 Internet。网络拓扑图如图 5-52 所示。

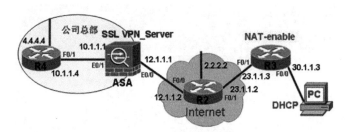

图5-52 网络拓扑图

[实训目的]

（1）掌握 GNS3 构建实验拓扑。
（2）掌握 GNS3 连接 VMware 共同构建实验平台的方法。
（3）了解 SSL VPN 工作的原理。
（4）掌握 SSL VPN 客户端登录的方式。

[实训条件]

（1）在 Windows 系统下安装 GNS3 软件。
（2）加载 Cisco 路由器 IOS 和 ASA。
（3）在 VMware 系统中打开 Windows XP 系统。

[实训步骤]

1．配置基础的网络环境

配置 ASA 的接口地址，并写指向 R4 的路由，默认路由指向路由器；配置 R2 的接口地址，打开 VTY 线路供远程用户作 Telnet 测试，不需要写任何路由；配置 R3 的接口地址，默认路由指向路由器 R2，并且在 R3 上开启 DHCP，让 PC 动态获得 IP 地址，同时 R3 将 PC 所在的网段全部 NAT 转换成外网接口地址 23.1.1.3 与 Internet 互联；配置 R4 的接口地址，默认路由指向公司总部出口 ASA 防火墙，最后打开 VTY 线路供远程用户作 Telnet 测试。

2．测试基础网络环境

查看 PC 机的地址情况；测试 R3 到 ASA 的连通性；测试 R3 到 R2 的 Loopback 连通性；测试 R3 到公司总部的 10.1.1.0/24 和 4.4.4.4/32 的连通性；查看 R2 的路由表；测试 PC 到 ASA 以及到 R2 的连通性；查看 PC 与 R2 的 Loopback 通信时的源地址；测试 PC 到公司总部的 10.1.1.0/24 和 4.4.4.4/32 的连通性。

3．ASA 防火墙上配置 SSL VPN

将 SSL VPN Client 模块传至 ASA 防火墙；开启 SSL VPN 并安装 Client 模块；配置自动分配给用户的地址池；定义隧道分离网段；定义组策略属性；定义隧道策略属性；定义用来认证的账户。

4. 测试 SSL VPN

在 PC 上建立 SSL VPN 连接,在网页浏览器中输入 SSL VPN Server 外网地址,连接 SSL VPN Server;再次测试 PC 到公司总部的 10.1.1.0/24 和 4.4.4.4/32 的连通性;查看 PC 到公司总部的数据包源地址;再次测试 PC 到 R2 的 Loopback 连通性;查看 PC 到公司总部的 10.1.1.0/24 和 4.4.4.4/32,以及 Internet 地址 2.2.2.2/32 的路径走向;查看 PC 的路由表情况;查看 SSL VPN Server 的路由表情况。

任务5-3　构建PPTP VPN

任务操作

远程 PC 机需要直接使用私有地址来访问公司总部 10.1.1.0/24 和 4.4.4.4/32,而 R2 是 Internet 路由器,R1 为公司总部的 PPTP VPN Server,PC 需要先和 PIX 的公网出口能够通信,然后通过与 PIX 建立 PPTP VPN,最终通过 VPN 隧道来穿越没有路由的 R2,实现在私网与私网之间穿越公网的通信;PC 要先和 PIX 的公网接口能够通信,因此 R3 需要对 PC 所在的网段 30.1.1.0/24 进行 NAT 转换,R3 和 PIX 的公网是通的。网络拓扑图如图 5-53 所示。

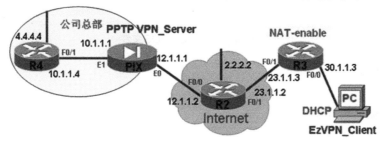

图5-53　网络拓扑图

　相关知识

GNS3 模拟 PIX 防火墙的过程如下:从网上下载 PIX 的 IOS(.bin 格式)的文件,然后在 GNS3 中选择"编辑"→"首选项"命令,在打开的"首选项"对话框中选择 Qemu 项,然后在右侧切换到 PIX 选项卡,"Qemu"→"PIX",在"二进制镜像"中设置相应 IOS 文件即可,如图 5-54 所示。

图5-54 设置相应的IOS文件

任务操作

1. 配置基础网络环境

（1）配置 PIX

```
pix(config)# nameif ethernet0 outside security0
pix(config)# nameif ethernet1 inside security100
pix(config)# ip address inside 10.1.1.1 255.255.255.0
pix(config)# ip address outside 12.1.1.1 255.255.255.0
pix(config)# interface ethernet0 auto
pix(config)# interface ethernet1 auto
pix(config)# route outside 0 0 12.1.1.2
pix(config)# route inside 4.4.4.4 255.255.255.255 10.1.1.4
```

说明：配置 PIX 的接口地址，并写指向 R4 的 Loopback 地址 4.4.4.4 的路由，同时写默认路由指向 Internet（路由器 R2），地址为 12.1.1.2。

（2）配置 R2

```
r2(config)#int f0/0
r2(config-if)#ip add 12.1.1.2 255.255.255.0
r2(config-if)#no sh
r2(config-if)#exit
r2(config)#int f0/1
r2(config-if)#ip add 23.1.1.2 255.255.255.0
```

```
r2(config-if)#no sh
r2(config-if)#exit
r2(config)#int loopback 0
r2(config-if)#ip add 2.2.2.2 255.255.255.0
r2(config-if)#exit
r2(config)#line vty 0 15
r2(config-line)#no login
r2(config-line)#exit
```

说明：配置 R2 的接口地址，并配置 Loopback 地址 2.2.2.2/32，最后打开 VTY 线路供远程用户作 Telnet 测试；因为 R2 模拟 Internet，R2 只需要有公网路由 12.1.1.0 和 23.1.1.0 即可，所以 R2 不需要写任何路由，也不允许写任何路由。

（3）配置 R3

```
r3(config)#int f0/0
r3(config-if)#ip add 30.1.1.3 255.255.255.0
r3(config-if)#no sh
r3(config-if)#exit
r3(config)#int f0/1
r3(config-if)#ip add 23.1.1.3 255.255.255.0
r3(config-if)#no sh
r3(config-if)#exit
r3(config)#ip route 0.0.0.0 0.0.0.0 23.1.1.2
r3(config)#service dhcp
r3(config)#ip dhcp pool net30
r3(dhcp-config)#network 30.1.1.0 255.255.255.0
r3(dhcp-config)#default-router 30.1.1.3
r3(dhcp-config)#dns-server 202.96.209.133
r3(dhcp-config)#exit
r3(config)#ip dhcp excluded-address 30.1.1.3
r3(config)#int f0/0
r3(config-if)#ip nat inside
r3(config-if)#exit
r3(config)#int f0/1
r3(config-if)#ip nat outside
r3(config-if)#exit
r3(config)#access-list 3 permit any
r3(config)#ip nat inside source list 3 interface f0/1 overload
```

说明：配置 R3 的接口地址，并写默认路由指向 Internet（路由器 R2），地址为 23.1.1.2；并且在 R3 上开启 DHCP，让 PC 动态获得 IP 地址；同时 R3 将 PC 所在的网段全部 NAT 转换成外网接口地址 23.1.1.3 与 Internet 互联。

（4）配置 R4

```
r4(config)#int f0/1
r4(config-if)#ip add 10.1.1.4 255.255.255.0
r4(config-if)#no sh
r4(config-if)#exit
```

```
r4(config)#int loopback 0
r4(config-if)#ip address 4.4.4.4 255.255.255.0
r4(config-if)#exit
r4(config)#ip route 0.0.0.0 0.0.0.0 10.1.1.1
r4(config)#line vty 0 15
r4(config-line)#no login
r4(config-line)#exit
```

说明：配置 R4 的接口地址，并写默认路由指向公司总部出口 PIX 防火墙。同时配置 Loopback 地址 4.4.4.4/32，最后打开 VTY 线路供远程用户作 Telnet 测试。

2. 测试基础网络环境

（1）查看 PC 机的 IP 地址，如图 5-55 所示。

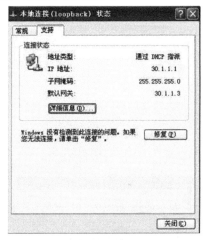

图5-55　查看PC机的IP地址

说明：PC 机通过 R3 的 DHCP 正常获得了地址 30.1.1.1，并且网关指向 R3 内网接口 30.1.1.3。

（2）测试 R3 到 PIX 的连通性。

```
r3#ping 12.1.1.1
Type escape sequence to abort.
Sending 5, 100-byte ICMP Echos to 12.1.1.1, timeout is 2 seconds:
!!!!!
Success rate is 100 percent (5/5), round-trip min/avg /max = 220/377/716 ms
```

说明：因为 R3 与 PIX 都有默认路由指向 Internet（路由器 R2），而 R2 与 R3 和 PIX 都是可达的，所以 R3 与 PIX 通信正常。

（3）测试 R3 到 R2 的 Loopback 连通性。

```
r3#ping 2.2.2.2
Type escape sequence to abort.
Sending 5, 100-byte ICMP Echos to 2.2.2.2, timeout is 2 seconds:
!!!!!
Success rate is 100 percent (5/5), round-trip min/avg /max = 40/72/112 ms
```

说明：因为 R3 有默认路由指向 Internet（路由器 R2），所以 R3 与 R2 的 Loopback 通信正常。

（4）测试 R3 到公司总部的 10.1.1.0/24 和 4.4.4.4/32 的连通性。

```
r3#ping 10.1.1.4
Type escape sequence to abort.
Sending 5, 100-byte ICMP Echos to 10.1.1.4, timeout is 2 seconds:
U.UU.
Success rate is 0 percent (0/5)
r3#ping 4.4.4.4
Type escape sequence to abort.
Sending 5, 100-byte ICMP Echos to 4.4.4.4, timeout is 2 seconds:
U.U.U
Success rate is 0 percent (0/5)
```

说明：虽然 R3 有默认路由指向 Internet 路由器 R2，但 R2 只有公网路由 12.1.1.0 和 23.1.1.0，只能保证 R3 与 PIX 的通信，所以 R3 无法访问公司总部的私有网段 10.1.1.0/24 和 4.4.4.4/32。

（5）查看 R2 的路由表。

```
r2#sh ip route
Codes: C - connected, S - static, R - RIP, M - mobile, B - BGP
D - EIGRP, EX - EIGRP external, O - OSPF, IA - OSPF inter area
N1 - OSPF NSSA external type 1, N2 - OSPF NSSA external type 2 E1 - OSPF
external type 1, E2 - OSPF external type 2
i - IS-IS, su - IS-IS summary, L1 - IS-IS level-1, L2 - IS-IS level-2
ia - IS-IS inter area, * - candidate default, U - per-user static route o
- ODR, P - periodic downloaded static route
Gateway of last resort is not set
2.0.0.0/24 is subnetted, 1 subnets
C    2.2.2.0 is directly connected, Loopback0
23.0.0.0/24 is subnetted, 1 subnets
C23.1.1.0 is directly connected, FastEthernet0/1
12.0.0.0/24 is subnetted, 1 subnets
C    12.1.1.0 is directly connected, FastEthernet0/0
```

说明：因为 R2 模拟 Internet 路由器，所以 R2 没有写任何路由，R2 的责任就只是保证 PIX 与 R3 能够通信即可。

（6）测试 PC 到 PIX 以及到 R2 的 Loopback 的连通性，如图 5-56 所示。

图5-56　测试PC到PIX以及到R2的Loopback的连通性

说明：因为 PC 的默认网关指向路由器 R3，并且 R3 已经配置 NAT 将 PC 所在的网段全部转换成外网接口地址 23.1.1.3 与 Internet 互联，所以 PC 与 PIX 和 R2 的 Loopback 通信正常。

（7）测试 PC 到公司总部的 10.1.1.0/24 和 4.4.4.4/32 的连通性，如图 5-57 所示。

图5-57　测试PC到公司总部的连通性

说明：因为连 R3 都与公司总部的 10.1.1.0/24 和 4.4.4.4/32 不能通信，所以 PC 更不能。

3. 在公司总部 PIX 防火墙上配置 PPTP VPN

（1）创建自动分配给用户的地址池。

```
pix(config)# ip local pool ccie 10.1.1.100～10.1.1.200
```

说明：自动分配给用户的地址范围是 10.1.1.100～10.1.1.200。

（2）开启 VPDN 的 PPTP 被叫功能，并指定各认证参数。

```
pix(config)# vpdn group 1 accept dialin pptp
pix(config)# vpdn group 1 ppp authentication pap
pix(config)# vpdn group 1 ppp authentication chap
pix(config)# vpdn group 1 ppp authentication mschap
pix(config)# vpdn group 1 ppp encryption mppe auto
```

（3）指定地址池。

```
pix(config)# vpdn group 1 client configuration address local ccie
```

（4）指定认证方式为本地用户数据库认证。

```
pix(config)# vpdn group 1 client authentication local
```

（5）在 outside 口开启 VPDN 功能。

```
pix(config)#vpdn enable outside
```

（6）创建供 VPDN 认证的账户。

```
pix(config)# vpdn username chinaccie password chinaccie
```

说明：注意创建用户的方法，否则无法通过认证。

4．测试 PPTP VPN

（1）在 PC 上建立 VPN 拨号连接。

① 使用之前在上一个实验中已经创建好的 VPN 连接，正确输入用户名和密码，如图 5-58 所示。② 当连接成功之后，会在桌面的右下角出现连接成功的图标和提示信息，如图 5-59 所示。③ 可以单击连接图标，查看具体的详细信息，如图 5-60 所示。

图5-58　建立VPN拨号连接

图5-59　VPN成功连接的信息

图5-60　查看VPN连接属性

说明：从图 5-60 中可以看出，从 PPTP VPN Server 那里自动分配到的地址是 100.1.1.100。

（2）查看 PC 的路由表情况，如图 5-61 所示。

图5-61 查看PC的路由表情况

说明：因为之前已经在PC上设置过隧道分离，所以现在默认网关是正常接口30.1.1.3而不是VPN接口，所以所有未知目标的流量，如Internet的流量都从正常接口发出，但只有与VPN接口地址段10.0.0.0/8同网段的才从PPTP VPN中发出，对于4.4.4.4/32，不可能通，也就不用再测了。

（3）测试PC到公司总部的10.1.1.0/24的连通性，如图5-62所示。

图5-62 测试PC到公司总部的连通性

说明：在正常理论下，现在PC应该和公司总部的10.1.1.0/24是通的，但是很不巧的是，在PIX支持PPTP VPN的老版本OS中，默认就是开启NAT并对所有inside内网流量进行NAT源地址转换的，所以在这里，PIX上默认已经开启的NAT影响了正常流量的通信，最终PC在PPTP VPN已经建立的情况下也不能与公司总部的10.1.1.0/24通信，要解决此问题，必须将相应流量绕过NAT，即不让公司总部和用户地址池的流量受NAT转换。

（4）查看PIX上当前的PPTP VPN状态。

```
pix# show vpdn
```

```
%No active L2TP tunnels
PPTP Tunnel and Session Information (Total tunnels=1 sessions=1)
Tunnel id 5, remote id is 5, 1 active sessions
Tunnel state is estabd, time since event change 34 secs
remote Internet Address 23.1.1.3, port 3946
Local Internet Address 12.1.1.1, port 1723
13 packets sent, 52 received, 415 bytes sent, 8548 received
Call id 5 is up on tunnel id 5
Remote Internet Address is 23.1.1.3
Session username is chinaccie, state is estabd
Time since event change 33 secs, interface outside
Remote call id is 0
PPP interface id is 1
13 packets sent, 52 received, 415 bytes sent, 8548 received
Seq 14, Ack 51, Ack_Rcvd 13, peer RWS 64
0 out of order packets
%No active PPPoE tunnels
pix# show vpdn session
%No active L2TP tunnels
PPTP Session Information (Total tunnels=1 sessions=1)
Call id 5 is up on tunnel id 5
Remote Internet Address is 23.1.1.3
Session username is chinaccie, state is estabd
Time since event change 107 secs, interface outside
Remote call id is 0
PPP interface id is 1
13 packets sent, 56 received, 415 bytes sent, 10291 received
Seq 14, Ack 55, Ack_Rcvd 13, peer RWS 64
0 out of order packets
%No active PPPoE tunnels
```

说明：可以看到当前 PPTP 隧道情况，以及在线的 PPTP 用户。

任务拓展——NAT对VPN的影响

（1）将公司总部去往用户地址池的任意流量拒绝 NAT 转换。

```
pix(config)# access-list 111 permit ip any 10.1.1.0 255.255.255.0
pix(config)# nat (inside ) 0 access-list 111
pix(config)# access-list 112 permit ip any 10.1.1.4 255.255.255.255
pix(config)# access-group 112 in interface outside
```

说明：将所有公司总部去往用户地址池 10.1.1.0/24 的流量放入 NAT 0 中从而不做转换，并且在 outside 也要放行用户到达公司总部相应网段的流量。

（2）再次测试 PC 到公司总部的 10.1.1.0/24 的连通性，如图 5-63 所示。

图5-63 再次测试PC到公司总部的连通性

说明：因为已经在 PIX 防火墙上将所有公司总部去往用户地址池 10.1.1.0/24 的流量放入 NAT 0 中从而不做转换，并且在 outside 也要放行用户到达公司总部相应网段的流量，所以用户去往公司总部 10.1.1.0/24 的流量正常，但去往 4.4.4.4/32 的流量在启用了隧道分离的情况下是不可能通的。

（3）查看 PC 到公司总部 10.1.1.0/24 的数据包源地址，如图 5-64 所示。

说明：PPTP VPN 用户是以从 Server 那里动态分配的地址为源和公司总部的网段进行通信的。

图5-64 查看PC到公司总部路由

项目实训

[**实训题**]

通过 GNS3 及 VMware 构建实验平台。其中 PIX 作为 PPTP VPN Server，R2 模拟 Internet。PC 连接到 VMware 模拟计算机。通过配置 PPTP VPN Server，实现 PC 能访问总公司内部网络、同时也能访问 Internet。实验拓扑图如图 5-65 所示。

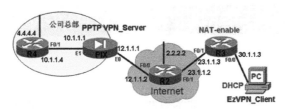

图5-65 实验拓扑图

[实训目的]

（1）掌握 GNS3 构建实验拓扑。
（2）掌握 GNS3 连接 VMware 共同构建实验平台的方法。
（3）了解 PPTP VPN 工作的原理。
（4）掌握 PPTP VPN 客户端登录的方式。

[实训条件]

（1）在 Windows 系统下安装 GNS3 软件。
（2）在 GNS3 中加载 Cisco 路由器 IOS 和模拟 PIX。
（3）在 VMware 系统中打开 Windows XP 系统。

[实训步骤]

1. 配置基础网络环境

配置 PIX 的接口地址，配置指向 R4 的路由，默认路由指向路由器 R2；配置 R2 的接口地址，打开 VTY 线路供 Telnet；配置 R3 的接口地址，并写默认路由指向路由器 R2，并且在 R3 上开启 DHCP，配置 NAT；配置 R4 的接口地址，默认路由指向公司总部出口 PIX 防火墙，打开 VTY 线路供远程用户作 Telnet 测试。

2. 测试基础网络环境

查看 PC 机的地址情况；测试 R3 到 PIX 的连通性；测试 R3 到 R2 的 Loopback 连通性；测试 R3 到公司总部的连通性；查看 R2 的路由表；测试 PC 到 PIX 以及到 R2 的连通性；测试 PC 到公司总部的连通性。

3. 配置 PPTP VPN

在 PIX 上创建自动分配给用户的地址池；开启 VPDN 的 PPTP 被叫功能，并指定各认证参数；指定地址池；指定认证方式为本地用户数据库认证；在 outside 口开启 VPDN 功能；创建供 VPDN 认证的账户。

4. 测试 PPTP VPN

在 PC 上建立 VPN 拨号连接；查看 PC 的路由表情况；测试 PC 到公司总部的 10.1.1.0/24 的连通性；查看 PIX 上当前的 PPTP VPN 状态。

任务5-4　构建L2TP VPN

任务描述

远程 PC 机需要直接使用私有地址来访问公司总部的 10.1.1.0/24 和 4.4.4.4/32，而 R2 则相当于 Internet 路由器，ASA 为公司总部的 L2TP VPN Server，PC 需要先和 ASA 的公网出口能够通信，然后通过与 ASA 建立 L2TP VPN，最终通过 VPN 隧道来穿越没有路由的 R2，实现在私网与私网之间穿越公网的通信；因为 PC 要先和 ASA 的公网接口能够通信，所以 R3 需要对 PC 所在的网段 30.1.1.0/24 进行 NAT 转换，因为 R3 和 ASA 的公网是通的。网络拓扑图如图 5-66 所示。

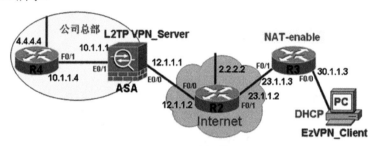

图5-66　网络拓扑图

相关知识

L2TP VPN 和 PPTP VPN 在用途和工作方式上几乎都是相同的，都是用于没有能够支持 VPN 功能路由器的家庭网络，适合于出差在外的没有使用路由器就接入 Internet 的移动办公人员使用。

L2TP VPN 的隧道也是在二层实现的，它结合了如下两个隧道协议的特性：
- Cisco的Layer 2 Forwarding（L2F）
- Microsoft的Point-to-Point Tunneling Protocol（PPTP）

但这些隧道协议只是实现隧道而已，无法保证数据安全，所以利用 IPSec 来保护数据更为理想。

如果将 L2TP 结合 IPSec 来使用，则称为 L2TP over IPSec。在防火墙上配置 L2TP over IPSec 时要注意如下内容。
- 防火墙上必须同时使用L2TP和IPSec，不能单独使用L2TP，所以在防火墙上总是配置 L2TP over IPSec。
- 在配置L2TP over IPSec时，IPSec应该配置为transport mode。

任务操作

1. 配置基础网络环境

（1）配置 ASA。

```
ciscoasa(config)# int e0/0
```

```
ciscoasa(config-if)# ip add 12.1.1.1 255.255.255.0
ciscoasa(config-if)# nameif outside
INFO: Security level for "outside" set to 0 by default.
ciscoasa(config-if)# no shutdown
ciscoasa(config-if)# exit
ciscoasa(config)# int e0/1
ciscoasa(config-if)# ip add 10.1.1.1 255.255.255.0
ciscoasa(config-if)# nameif inside
INFO: Security level for "inside" set to 100 by default.
ciscoasa(config-if)# no shutdown
ciscoasa(config-if)# exit
ciscoasa(config)# route inside 4.4.4.4 255.255.255.255 10.1.1.4
ciscoasa(config)# route outside 0 0 12.1.1.2
```

说明：配置 ASA 的接口地址，并写指向 R4 的 Loopback 地址 4.4.4.4 的路由，同时写默认路由指向 Internet（路由器 R2），地址为 12.1.1.2。

（2）配置 R2。

```
r2(config)#int f0/0
r2(config-if)#ip add 12.1.1.2 255.255.255.0
r2(config-if)#no sh
r2(config-if)#exit
r2(config)#int f0/1
r2(config-if)#ip add 23.1.1.2 255.255.255.0
r2(config-if)#no sh
r2(config-if)#exit
r2(config)#int loopback 0
r2(config-if)#ip add 2.2.2.2 255.255.255.0
r2(config-if)#exit
r2(config)#line vty 0 15
r2(config-line)#no login
r2(config-line)#exit
```

说明：配置 R2 的接口地址，并配置 Loopback 地址 2.2.2.2/32，最后打开 VTY 线路供远程用户作 Telnet 测试；因为 R2 模拟 Internet，R2 只需要有公网路由 12.1.1.0 和 23.1.1.0 即可，所以 R2 不需要写任何路由，也不允许写任何路由。

（3）配置 R3。

```
r3(config)#int f0/0
r3(config-if)#ip add 30.1.1.3 255.255.255.0
r3(config-if)#no sh
r3(config-if)#exit
r3(config)#int f0/1
r3(config-if)#ip add 23.1.1.3 255.255.255.0
r3(config-if)#no sh
r3(config-if)#exit
r3(config)#ip route 0.0.0.0 0.0.0.0 23.1.1.2
r3(config)#service dhcp
```

```
r3(config)#ip dhcp pool net30
r3(dhcp-config)#network 30.1.1.0 255.255.255.0
r3(dhcp-config)#default-router 30.1.1.3
r3(dhcp-config)#dns-server 202.96.209.133
r3(dhcp-config)#exit
r3(config)#ip dhcp excluded-address 30.1.1.3
r3(config)#
r3(config)#int f0/0
r3(config-if)#ip nat inside
r3(config-if)#exit
r3(config)#int f0/1
r3(config-if)#ip nat outside
r3(config-if)#exit
r3(config)#access-list 3 permit any
r3(config)#ip nat inside source list 3 interface f0/1 overload
```

说明：配置 R3 的接口地址，并写默认路由指向 Internet（路由器 R2），地址为 23.1.1.2；并且在 R3 上开启 DHCP，让 PC 动态获得 IP 地址；同时 R3 将 PC 所在的网段全部 NAT 转换成外网接口地址 23.1.1.3 与 Internet 互联。

（4）配置 R4。

```
r4(config)#int f0/1
r4(config-if)#ip add 10.1.1.4 255.255.255.0
r4(config-if)#no sh
r4(config-if)#exit
r4(config)#int loopback 0
r4(config-if)#ip address 4.4.4.4 255.255.255.0
r4(config-if)#exit
r4(config)#ip route 0.0.0.0 0.0.0.0 10.1.1.1
r4(config)#line vty 0 15
r4(config-line)#no login
r4(config-line)#exit
```

说明：配置 R4 的接口地址，并写默认路由指向公司总部出口 ASA 防火墙。同时配置 Loopback 地址 4.4.4.4/32，最后打开 VTY 线路供远程用户作 Telnet 测试。

2．测试基础网络环境

（1）查看 PC 机的地址情况，如图 5-67 所示。

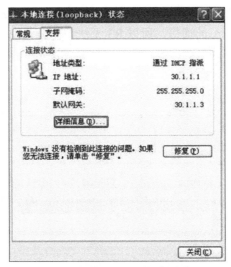

图5-67 查看PC机的地址情况

说明：PC 机通过 R3 的 DHCP 正常获得了地址 30.1.1.1，并且网关指向 R3 内网接口 30.1.1.3。

（2）测试 R3 到 ASA 的连通性。

```
r3#ping 12.1.1.1
Type escape sequence to abort.
Sending 5, 100-byte ICMP Echos to 12.1.1.1, timeout is 2 seconds:
!!!!!
Success rate is 100 percent (5/5), round-trip min/avg /max = 268/323/444 ms
```

说明：因为 R3 与 ASA 都有默认路由指向 Internet（路由器 R2），而 R2 与 R3 和 ASA 都是可达的，所以 R3 与 ASA 通信正常。

（3）测试 R3 到 R2 的 Loopback 连通性。

```
r3#ping 2.2.2.2
Type escape sequence to abort.
Sending 5, 100-byte ICMP Echos to 2.2.2.2, timeout is 2 seconds:
!!!!!
Success rate is 100 percent (5/5), round-trip min/avg /max = 4/164/356 ms
```

说明：因为 R3 有默认路由指向 Internet(路由器 R2)，所以 R3 与 R2 的 Loopback 通信正常。

（4）测试 R3 到公司总部的 10.1.1.0/24 和 4.4.4.4/32 的连通性。

```
r3#ping 10.1.1.4
Type escape sequence to abort.
Sending 5, 100-byte ICMP Echos to 10.1.1.4, timeout is 2 seconds:
U.U..
Success rate is 0 percent (0/5)
r3#ping 4.4.4.4
Type escape sequence to abort.
Sending 5, 100-byte ICMP Echos to 4.4.4.4, timeout is 2 seconds:
U...U
Success rate is 0 percent (0/5)
```

说明：虽然 R3 有默认路由指向 Internet 路由器 R2，但 R2 只有公网路由 12.1.1.0 和 23.1.1.0，只能保证 R3 与 ASA 的通信，所以 R3 无法访问公司总部的私有网段 10.1.1.0/24 和 4.4.4.4/32。

（5）查看 R2 的路由表。

```
r2#sh ip route
Codes: C - connected, S - static, R - RIP, M - mobile, B - BGP
D - EIGRP, EX - EIGRP external, O - OSPF, IA - OSPF inter area
N1 - OSPF NSSA external type 1, N2 - OSPF NSSA external type 2 E1 - OSPF external type 1, E2 - OSPF external type 2
i - IS-IS, su - IS-IS summary, L1 - IS-IS level-1, L2 - IS-IS level-2
ia - IS-IS inter area, * - candidate default, U - per-user static route o
- ODR, P - periodic downloaded static route
Gateway of last resort is not set
2.0.0.0/24 is subnetted, 1 subnets
C    2.2.2.0 is directly connected, Loopback0
23.0.0.0/24 is subnetted, 1 subnets
C23.1.1.0 is directly connected, FastEthernet0/1
12.0.0.0/24 is subnetted, 1 subnets
C    12.1.1.0 is directly connected, FastEthernet0/0
```

说明：因为 R2 模拟 Internet 路由器，所以 R2 没有写任何路由，R2 的责任就只是保证 ASA 与 R3 能够通信即可。

（6）测试 PC 到 ASA 以及到 R2 的 Loopback 的连通性，如图 5-68 所示。

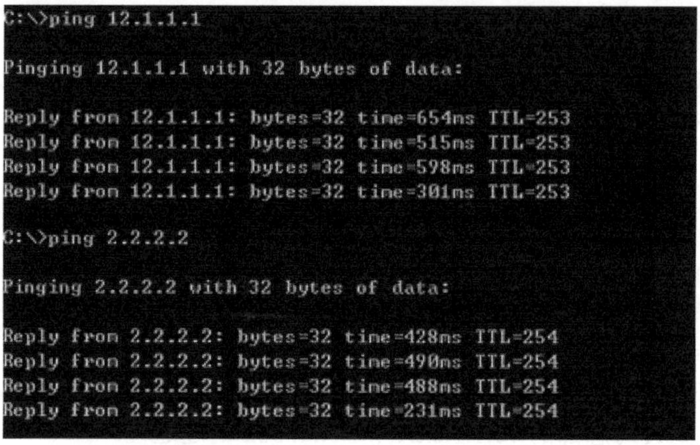

图5-68 测试PC到ASA以及到R2的Loopback的连通性

说明：因为 PC 的默认网关指向路由器 R3，并且 R3 已经配置 NAT 将 PC 所在的网段全部转换成外网接口地址 23.1.1.3 与 Internet 互联，所以 PC 与 ASA 和 R2 的 Loopback 通信正常。

（7）测试 PC 到公司总部的 10.1.1.0/24 和 4.4.4.4/32 的连通性，如图 5-69 所示。

项目5 基于VPN设备的VPN网络的组建

图5-69 测试PC到公司总部的连通性

说明：因为连R3都与公司总部的10.1.1.0/24和4.4.4.4/32不能通信，所以PC更不能。

3. 配置 L2TP over IPSec on ASA

（1）配置IKE（ISAKMP）策略。

```
ciscoasa(config-isakmp-policy)# encryption 3des
ciscoasa(config-isakmp-policy)# hash sha
ciscoasa(config-isakmp-policy)# group 2
ciscoasa(config-isakmp-policy)# exit
ciscoasa(config)# crypto isakmp nat-traversal 10
ciscoasa(config)# crypto isakmp IPSec-over-tcp port 10000
```

说明：定义了ISAKMP Policy 10，加密方式为3des，Hash算法为Sha，认证方式为Pre-Shared Keys（PSK），密钥算法（Diffie-Hellman）为group2。

（2）定义crypto map 与 IPSec transform。

```
ciscoasa(config)# crypto IPSec transform-set myset esp-3des esp-sha-hmac
ciscoasa(config)# crypto IPSec transform-set myset mode transport
ciscoasa(config)# crypto dynamic-map dymap 10 set transform-set myset
ciscoasa(config)# crypto map l2tpvpn 10 IPSec-isakmp dynamic dymap
ciscoasa(config)# crypto map l2tpvpn interface outside
ciscoasa(config)# crypto isakmp enable outside
```

说明：将crypto map与IPSec transform关联起来，并应用于接口。

（3）定义EzVPN Client连接上来后自动分配的地址池。

```
ciscoasa(config)# ip local pool ccie 10.1.1.100～10.1.1.200 mask 255.255.255.0
```

说明：地址池范围为10.1.1.100～10.1.1.200。

(4）配置用户组策略。

```
ciscoasa(config)# group-policy DefaultRAGroup internal
ciscoasa(config)# group-policy DefaultRAGroup attributes
ciscoasa(config-group-policy)# vpn-tunnel-protocol IPSec l2tp-IPSec
ciscoasa(config-group-policy)# dns-server value 202.96.209.133
ciscoasa(config-group-policy)# default-domain value cisco.com ciscoasa(config-group-policy)# address-pools value ccie
ciscoasa(config-group-policy)# exit
```

说明：组名建议使用名字为 DefaultRAGroup，不要使用其他名字，定义了地址池，以及其他一些参数，这里的 vpn-tunnel-protocol 必须是 IPSec l2tp-IPSec。

（5）配置用户隧道信息。

```
ciscoasa(config)# tunnel-group DefaultRAGroup general-attributes
ciscoasa(config-tunnel-general)# default-group-policy DefaultRAGroup
ciscoasa(config-tunnel-general)# exit
ciscoasa(config)# tunnel-group DefaultRAGroup IPSec -attributes
ciscoasa(config-tunnel-IPSec)# pre-shared-key chinaccie
ciscoasa(config-tunnel-IPSec)# exit
```

说明：隧道名建议使用名字为 DefaultRAGroup，不要使用其他名字，并定义了认证时使用的 PSK 密钥。

（6）定义了认证信息。

```
ciscoasa(config)# tunnel-group DefaultRAGroup ppp-attributes
ciscoasa(config-ppp)# authentication ms-chap-v2
ciscoasa(config-ppp)# exit
```

（7）创建用户名和密码。

```
ciscoasa(config)# username chinaccie password chinaccie
ciscoasa(config)# username chinaccie password chinaccie mschap
```

说明：创建时，必须使用这种格式。

4．测试 L2TP over IPSec

（1）在 PC 上建立 VPN 拨号连接并输入用户名和密码，如图 5-70 所示。

图5-70　VPN拨号连接

然后单击"属性"按钮,在属性对话框的"安全"选项卡中,单击"IPSec 设置"按钮,并修改相关设置,输入用来为 IPSec 认证的 PSK 密钥,如图 5-71、图 5-72 所示。

图5-71　VPN连接属性

图5-72　设置IPSec认证密钥

当连接成功之后,会在桌面的右下角出现连接成功的图标和提示信息,如图 5-73 所示。可以单击连接图标,查看具体的详细信息,如图 5-74 所示。

说明:从图 5-74 中可以看出,从 L2TP VPN Server 那里自动分配到的地址是 10.1.1.100。

图5-73　VPN连接成功信息

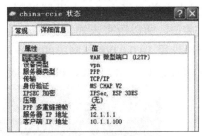
图5-74　VPN连接详细属性

(2)查看 PC 的路由表情况,如图 5-75 所示。

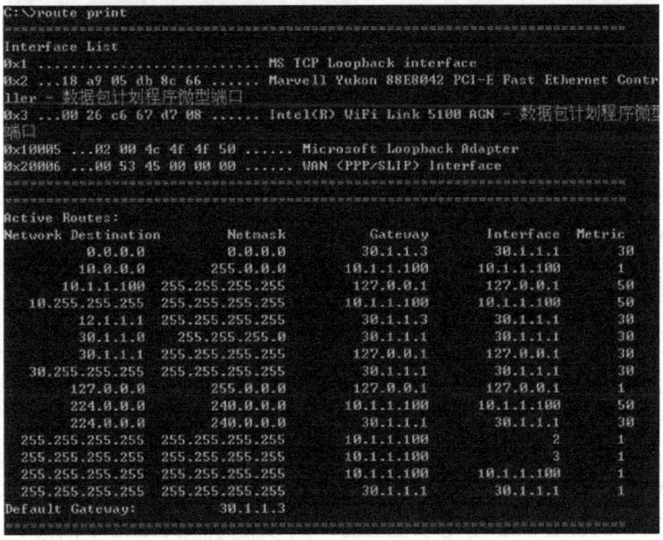

图5-75　查看PC的路由表情况

（3）再次测试 PC 到公司总部的 10.1.1.0/24 和 4.4.4.4/32 的连通性，如图 5-76 所示。

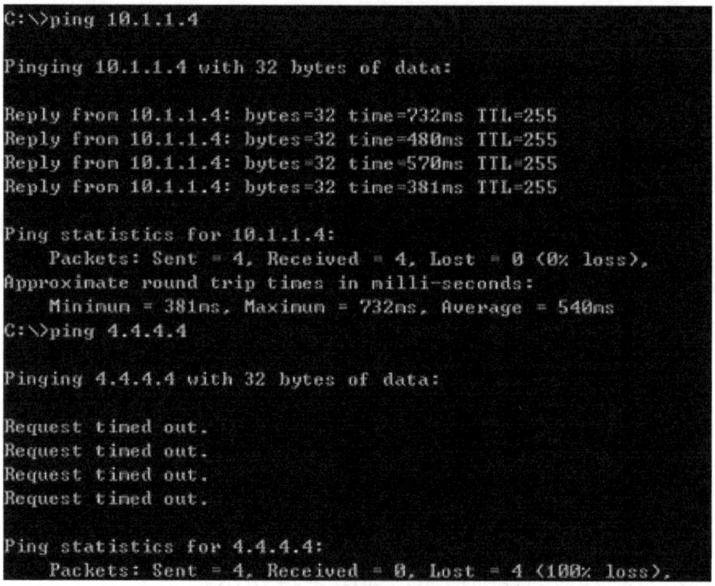

```
C:\>ping 10.1.1.4

Pinging 10.1.1.4 with 32 bytes of data:

Reply from 10.1.1.4: bytes=32 time=732ms TTL=255
Reply from 10.1.1.4: bytes=32 time=480ms TTL=255
Reply from 10.1.1.4: bytes=32 time=570ms TTL=255
Reply from 10.1.1.4: bytes=32 time=381ms TTL=255

Ping statistics for 10.1.1.4:
    Packets: Sent = 4, Received = 4, Lost = 0 (0% loss),
Approximate round trip times in milli-seconds:
    Minimum = 381ms, Maximum = 732ms, Average = 540ms
C:\>ping 4.4.4.4

Pinging 4.4.4.4 with 32 bytes of data:

Request timed out.
Request timed out.
Request timed out.
Request timed out.

Ping statistics for 4.4.4.4:
    Packets: Sent = 4, Received = 0, Lost = 4 (100% loss),
```

图5-76　测试PC到公司总部的连通性

说明：因为之前已经在 PC 上设置过隧道分离，所以现在默认网关是正常接口 30.1.1.3 而不是 VPN 接口，所以所有未知目标的流量，如 Internet 的流量都从正常接口发出；但只有与 VPN 接口地址段 10.0.0.0/8 同网段的，才从 L2TP VPN 中发出；对于 4.4.4.4/32，不可能通。

（4）再次测试 PC 到 R2 的 Loopback 的连通性，如图 5-77 所示。

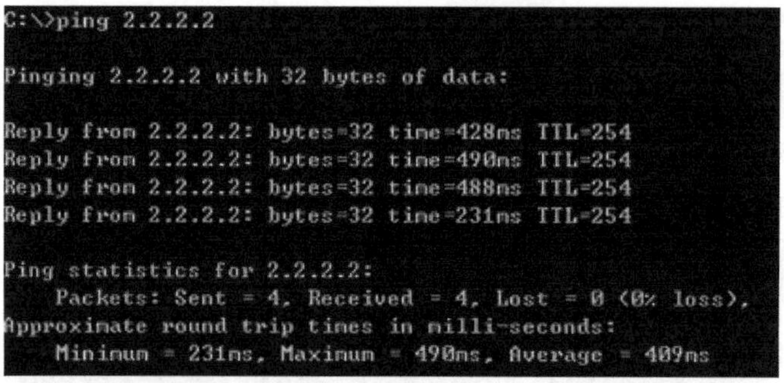

```
C:\>ping 2.2.2.2

Pinging 2.2.2.2 with 32 bytes of data:

Reply from 2.2.2.2: bytes=32 time=428ms TTL=254
Reply from 2.2.2.2: bytes=32 time=490ms TTL=254
Reply from 2.2.2.2: bytes=32 time=488ms TTL=254
Reply from 2.2.2.2: bytes=32 time=231ms TTL=254

Ping statistics for 2.2.2.2:
    Packets: Sent = 4, Received = 4, Lost = 0 (0% loss),
Approximate round trip times in milli-seconds:
    Minimum = 231ms, Maximum = 490ms, Average = 409ms
```

图5-77　再次测试PC到R2的Loopback的连通性

说明：因为已经配置了隧道分离，所以 PC 到 Internet 路由器 R2（2.2.2.2）是通的。

（5）查看 ASA 上的 IKE SA。

```
ciscoasa# show crypto isakmp sa
Active SA: 1
Rekey SA: 0 (A tunnel will report 1 Active and 1 Rekey SA during rekey)
Total IKE SA: 1
1 IKE Peer: 23.1.1.3
    Type    : user  Role    : responder
    Rekey   : no    State   : MM_ACTIVE
```

说明：因为 L2TP over IPSec 使用了 IPSec，所以能看见 IKESA 信息。

项目5 基于VPN设备的VPN网络的组建

（6）查看 ASA 上的 IPSec SA。

```
ciscoasa# show crypto IPSec sa
interface: outside
    Crypto map tag: dyn, seq num: 10, local addr: 12.1.1.1
    local ident (addr /mask/prot/port): (12.1.1.1/255.255.255.255/17/1701)
    remote ident (addr/mask/prot /port): (23.1.1.3/255.255.255.255/17/0)
current_peer: 23.1.1.3, username: chinaccie
    dynamic allocated peer ip: 10.1.1.100
    #pkts encaps: 34, #pkts encrypt: 34, #pkts digest: 34
    #pkts decaps: 89, #pkts decrypt: 89, #pkts verify: 89
    #pkts compressed: 0, #pkts decompressed: 0
    #pkts not compressed: 34, #pkts comp failed: 0, #pkts decomp failed: 0
    #post-frag successes: 0, #post-frag failures: 0, #fragments created: 0
    #PMTUs sent: 0, #PMTUs rcvd: 0, #decapsulated frgs needing reassembly: 0
#send errors: 0, #recv errors: 0
    local crypto endpt.: 12.1.1.1/4500, remote crypto endpt.: 23.1.1.3/4500
path mtu 1500, IPSec overhead 66, media mtu 1500
    current outbound spi: 809FDDFC
    inbound esp sas:
    spi: 0x45232D65 (1159933285)
    transform: esp-3des esp-md5-hmac none
    in use settings ={RA, Transport, NAT-T-Encaps, }
    slot: 0, conn_id: 4096, crypto-map: dyn
    sa timing: remaining key lifetime (kB/sec): (207510/3558) IV size: 8 bytes
    replay detection support: Y
    outbound esp sas:
    spi: 0x809FDDFC (2157960700)
    transform: esp-3des esp-md5-hmac none
    in use settings ={RA, Transport, NAT-T-Encaps, } slot: 0, conn_id: 4096,
crypto-map: dyn
    sa timing: remaining key lifetime (kB/sec): (207517/3558)
    IV size: 8 bytes
    replay detection support: Y
```

说明：IPSec SA 中显示了相应流量会被加密。

 任务拓展——NAT对L2TP VPN的影响

（1）在 ASA 上配置 NAT。

```
ciscoasa(config)# global (outside) 1 interface
INFO: outside interface address added to PAT pool
ciscoasa(config)# nat (inside) 1 0.0.0.0 0.0.0.0
```

说明：在 ASA 上配置 NAT 将所有内网的流量都转换为外网接口地址 12.1.1.1 与 Internet 互联。

（2）再次测试 PC 到公司总部的 10.1.1.0/24 的连通性，如图 5-78 所示。

```
C:\>ping 10.1.1.4

Pinging 10.1.1.4 with 32 bytes of data:

Request timed out.
Request timed out.
Request timed out.
Request timed out.

Ping statistics for 10.1.1.4:
    Packets: Sent = 4, Received = 0, Lost = 4 (100% loss),
```

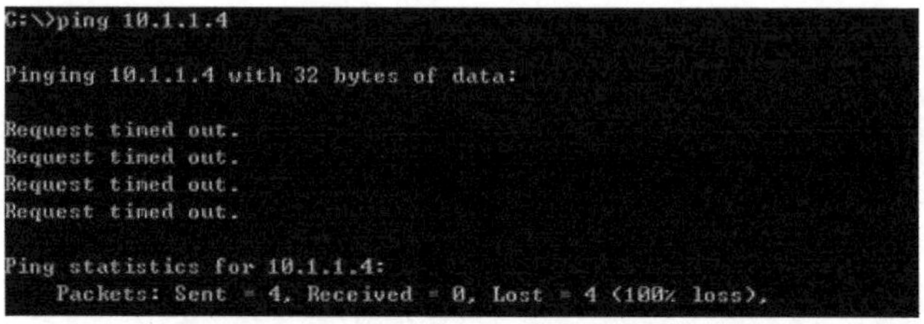

图5-78　再次测试PC到公司总部的连通性

说明：在 L2TP over IPSec Server 上，NAT 对 L2TP VPN 的影响和其他 VPN 一样，所以在 L2TP over IPSec Server 上配置了 NAT 后，需要 L2TP VPN 传递的流量就全不通了。

（3）将相应流量从 NAT 中移除。

```
ciscoasa(config)# access-list nonat extended permit ip 10.1.1.0 255.255.255.0 any
ciscoasa(config)# nat (inside ) 0 access-list nonat
```

说明：将源为 10.1.1.0/24 的流量从 NAT 中移除。

（4）再次测试 PC 到公司总部的 10.1.1.0/24 的连通性，如图 5-79 所示。

```
C:\>ping 10.1.1.4

Pinging 10.1.1.4 with 32 bytes of data:

Reply from 10.1.1.4: bytes=32 time=60ms TTL=255
Reply from 10.1.1.4: bytes=32 time=62ms TTL=255
Reply from 10.1.1.4: bytes=32 time=154ms TTL=255
Reply from 10.1.1.4: bytes=32 time=63ms TTL=255

Ping statistics for 10.1.1.4:
    Packets: Sent = 4, Received = 4, Lost = 0 (0% loss),
Approximate round trip times in milli-seconds:
    Minimum = 60ms, Maximum = 154ms, Average = 84ms
```

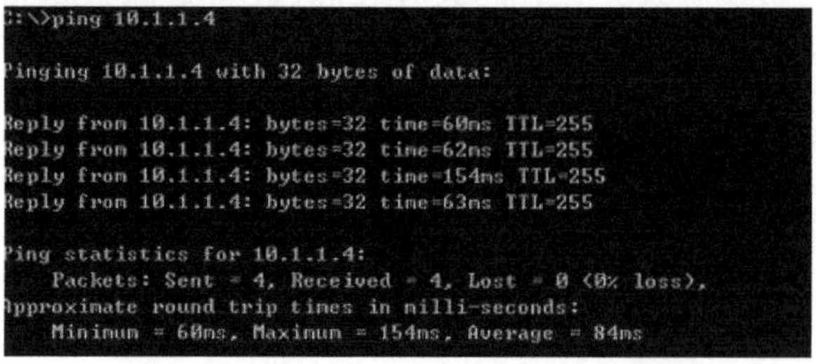

图5-79　再次测试PC到公司总部的连通性

说明：因为源为 10.1.1.0/24 的流量已经从 NAT 中移除，所以 PC 到 10.1.1.0/24 的流量正常。

项目实训

[实训题]

通过 GNS3 及 VMware 构建实验平台。其中 ASA 作为 L2TP VPN Server，R2 模拟 Internet。PC 连接到 VMware 模拟计算机。通过配置 L2TP VPN Server，实现 PC 能访问总公司内部网络、同时也能访问 Internet。实验拓扑图如图 5-80 所示。

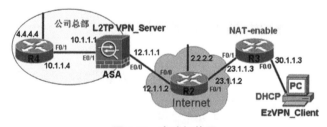

图5-80　实验拓扑图

[实训目的]

（1）掌握 GNS3 构建实验拓扑。

项目5 基于VPN设备的VPN网络的组建

（2）掌握 GNS3 连接 VMware 共同构建实验平台的方法。

（3）了解 L2TP VPN 工作的原理。

（4）掌握 L2TP VPN 客户端登录的方式。

[实训条件]

（1）在 Windows 系统下安装 GNS3 软件。

（2）在 GNS3 中加载 Cisco 路由器 IOS 和模拟 ASA。

（3）在 VMware 系统中打开 Windows XP 系统。

[实训步骤]

1. 配置基础网络环境

配置 PIX 的接口地址，配置指向 R4 的路由，默认路由指向路由器 R2；配置 R2 的接口地址，打开 VTY 的 Telnet 功能；配置 R3 的接口地址，并写默认路由指向路由器 R2，并且在 R3 上开启 DHCP，配置 NAT；配置 R4 的接口地址，默认路由指向公司总部出口 ASA 防火墙，打开 VTY 线路供远程用户作 Telnet 测试。

2. 测试基础网络环境

查看 PC 机的地址情况；测试 R3 到 ASA 的连通性；测试 R3 到 R2 的 Loopback 连通性；测试 R3 到公司总部的连通性；查看 R2 的路由表；测试 PC 到 ASA 以及到 R2 的连通性；测试 PC 到公司总部的连通性。

3. 配置 L2TP VPN

在 PIX 上创建自动分配给用户的地址池；开启 VPDN 的 L2TP 被叫功能，并指定各认证参数；指定地址池；指定认证方式为本地用户数据库认证；在 outside 口开启 VPDN 功能；创建供 VPDN 认证的账户。

4. 测试 L2TP VPN

在 PC 上建立 VPN 拨号连接；查看 PC 的路由表情况；测试 PC 到公司总部的 10.1.1.0/24 的连通性；查看 ASA 上当前的 L2TP VPN 状态。

任务5-5 构建EzVPN

 任务描述

远程 PC 机需要直接使用私有地址来访问公司总部 10.1.1.0/24 和 4.4.4.4/32，而 R2 则相当于 Internet 路由器，R2 只负责让 ASA 与 R3 能够通信。ASA 为公司总部的 EzVPN Server，PC 需要先和 ASA 的公网出口能够通信，然后通过与 ASA 建立 EzVPN，最终通过 VPN 隧道来穿越路由器 R2，实现在私网与私网之间穿越公网的通信。因为 PC 要先和 ASA 的公网接口能够通信，所以 R3 需要对 PC 所在的网段 30.1.1.0/24 进行 NAT 转换，因为 R3 和 R1 的公网是通的。网络拓扑图如图 5-81 所示。

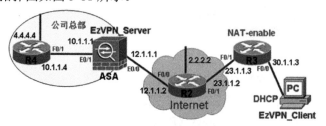

图5-81　网络拓扑图

在前面介绍的所有 VPN 中，要在一个网络与另一个网络之间建立 VPN 连接，需要在双方的路由器上进行相关参数配置，如配置 IKE（ISAKMP）策略、认证标识、IPSec transform 以及 crypto map 等，但是在某些特殊环境下，比如在没有能够支持 VPN 功能路由器的家庭网络，以及出差在外的没有使用路由器就接入 Internet 的办公人员，如果在这种情况下还需要与公司总部建立 VPN 以保证数据加密传输，使用传统的 VPN 技术将难以实现，所以我们将考虑使用一种简单易用的 VPN 实现方式，来满足上述环境下的 VPN 连接要求，如图 5-82 所示。

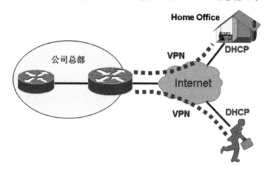

图5-82　应用场景

在图 5-82 所示的网络环境中，在家办公的 Home Office，大多使用了没有 VPN 功能的路由器或 Modem 拨号连接，以及出差在外的没有使用路由器就接入 Internet 的办公人员，当他们需要使用 VPN 来保证与公司总部的数据加密传输时，这时需要实现的 VPN 必须着重于简单的配置、简单的管理，并且方便维护。同时，也要考虑到这些环境的 IP 地址通常都是通过 DHCP 动态获得的，事先无法确定公网 IP 地址，在这样的环境和需求下部署简单易用的 VPN，即 EzVPN，如图 5-83 所示。

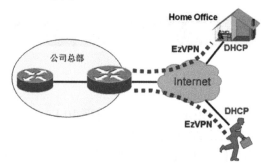

图5-83　EzVPN通信示意图

EzVPN 同样是属于 IPSec 范畴内的 VPN 技术，需要以 IPSec 为基础来实现 VPN 功能。要完成 IPSec VPN 连接，必须在双方配置相同的 IKE（ISAKMP）策略、认证标识、IPSec transform 等一系列策略，同样，EzVPN 也必须遵守全部的规则。但是我们知道，要完成 IPSec VPN 的种种配置，需要专业的技术人员才能完成，那么 Home Office 以及出差在外的移动办公人员又如何自己去完成这专业性的差事呢？不用担心，这些工作将全部交给 EzVPN，因为 EzVPN 能够自动去分析和完成全部的工作，以保证 IPSec VPN 的正常连接，而不需要像在路由器上那样进行专业的配置，否则 EzVPN 就不算是一个简单易用的 VPN 架构，这也就失去了开发它的意义。

　　EzVPN 是如何脱离专业的命令配置而自行完成 IPSecVPN 连接的呢？这就需要了解 EzVPN 的整个运行过程：EzVPN 分为 EzVPN Server 和 EzVPN Remote（本文将 EzVPN Remote 等同于 EzVPN）。EzVPN Server 通常就是我们的公司总部，EzVPN Server 必须配置在公司总部的支持 EzVPN 功能的硬件设备上，如路由器、防火墙及 VPN 集中器等，并且公司总部端的 EzVPN Server 必须具备静态固定的公网 IP 地址，用以接受任何 EzVPN Client 的 IPSec VPN 连接请求。

　　EzVPN Client 则部署在需要和公司总部连接 IPSecVPN 的 Home Office，以及出差在外的移动办公人员处，通过软件的形式安装到 PC 上，不需要人工干预，从而真正实现简单易用。当 EzVPN Client 向 EzVPN Server 请求建立 IPSec VPN 连接时，EzVPN Server 就会将自己通过专业人员配置好的 IPSec 策略发向 EzVPN Client，相当于将自己的 IPSec 策略推送到 EzVPN Client，当 EzVPN Client 收到这些 IPSec 策略之后，就从自己预先定义好的策略库中选出完全匹配的策略来应用，最终在与 EzVPNServer 双方 IPSec 策略保持一致之后建立 IPSecVPN。

　　当 EzVPN Client 与 EzVPN Server 建立 VPN 连接之后，EzVPN Client 端就能够正常访问公司总部的内网资源。这是因为默认情况下，所有 EzVPN Client 的流量都会从 VPN 接口上发出，最后所有的流量都会到达 EzVPN Server 端，也就是 EzVPN Client 端的所有流量都被 IPSecVPN 加密发到 EzVPN Server。如果 EzVPN Client 端的所有流量都通过 VPN 接口发到 EzVPN Server 端，EzVPN Client 并不是发到公司总部而是要发到 Internet 的流量怎么办？我们应该将需要发到公司总部的流量通过 IPSec VPN 加密发到 EzVPN Server，而其他发到 Internet 的流量还是从正常接口出去，这就相当于普通 IPSec VPN 中的定义感兴趣流量，在 EzVPN 中，这里称为隧道分离（SplitTunneling）。隧道分离让 EzVPN Client 只将需要发到公司总部的流量通过 IPSec VPN 加密发到 EzVPN Server，而其他发到 Internet 的流量还是从正常接口出去，这样就能够让 EzVPN Client 端访问公司总部和上网两不误。

 任务操作

1. 配置基础网络环境

（1）配置 ASA。

```
ciscoasa(config)# int e0/0
ciscoasa(config-if)# ip add 12.1.1.1 255.255.255.0
ciscoasa(config-if)# nameif outside
INFO: Security level for "outside" set to 0 by default.
```

```
ciscoasa(config-if)# no shutdown
ciscoasa(config-if)# exit
ciscoasa(config)# int e0/1
ciscoasa(config-if)# ip add 10.1.1.1 255.255.255.0
ciscoasa(config-if)# nameif inside
INFO: Security level for "inside" set to 100 by default.
ciscoasa(config-if)# no shutdown
ciscoasa(config-if)# exit
ciscoasa(config)# route inside 4.4.4.4 255.255.255.255 10.1.1.4
ciscoasa(config)# route outside 0 0 12.1.1.2
```

说明：配置 ASA 的接口地址，并写指向 R4 的 Loopback 地址 4.4.4.4 的路由，同时写默认路由指向 Internet（路由器 R2），地址为 12.1.1.2。

（2）配置 R2。

```
r2(config)#int f0/0
r2(config-if)#ip add 12.1.1.2 255.255.255.0
r2(config-if)#no sh
r2(config-if)#exit
r2(config)#int f0/1
r2(config-if)#ip add 23.1.1.2 255.255.255.0
r2(config-if)#no sh
r2(config-if)#exit
r2(config)#int loopback 0
r2(config-if)#ip add 2.2.2.2 255.255.255.0
r2(config-if)#exit
r2(config)#line vty 0 15
r2(config-line)#no login
r2(config-line)#exit
```

说明：配置 R2 的接口地址，并配置 Loopback 地址 2.2.2.2/32，最后打开 VTY 线路供远程用户作 Telnet 测试；因为 R2 模拟 Internet，R2 只需要有公网路由 12.1.1.0 和 23.1.1.0 即可，所以 R2 不需要写任何路由，也不允许写任何路由。

（3）配置 R3。

```
r3(config)#int f0/0
r3(config-if)#ip add 30.1.1.3 255.255.255.0
r3(config-if)#no sh
r3(config-if)#exit
r3(config)#int f0/1
r3(config-if)#ip add 23.1.1.3 255.255.255.0
r3(config-if)#no sh
r3(config-if)#exit
r3(config)#ip route 0.0.0.0 0.0.0.0 23.1.1.2
r3(config)#service dhcp
r3(config)#ip dhcp pool net30
r3(dhcp-config)#network 30.1.1.0 255.255.255.0
r3(dhcp-config)#default-router 30.1.1.3
```

```
r3(dhcp-config)#dns-server 202.96.209.133
r3(dhcp-config)#exit
r3(config)#ip dhcp excluded-address 30.1.1.3
r3(config)#int f0/0
r3(config-if)#ip nat inside
r3(config-if)#exit
r3(config)#int f0/1
r3(config-if)#ip nat outside
r3(config-if)#exit
r3(config)#access-list 3 permit any
r3(config)#ip nat inside source list 3 interface f0/1 overload
```

说明：配置 R3 的接口地址，并写默认路由指向 Internet（路由器 R2），地址为 23.1.1.2；并且在 R3 上开启 DHCP，让 PC 动态获得 IP 地址；同时 R3 将 PC 所在的网段全部 NAT 转换成外网接口地址 23.1.1.3 与 Internet 互联。

（4）配置 R4。

```
r4(config)#int f0/1
r4(config-if)#ip add 10.1.1.4 255.255.255.0
r4(config-if)#no sh
r4(config-if)#exit
r4(config)#int loopback 0
r4(config-if)#ip address 4.4.4.4 255.255.255.0
r4(config-if)#exit
r4(config)#ip route 0.0.0.0 0.0.0.0 10.1.1.1
r4(config)#line vty 0 15
r4(config-line)#no login
r4(config-line)#exit
```

说明：配置 R4 的接口地址，并写默认路由指向公司总部出口 ASA 防火墙。同时配置 Loopback 地址 4.4.4.4/32，最后打开 VTY 线路供远程用户作 Telnet 测试。

2．测试基础网络环境

（1）查看 PC 机的地址情况，如图 5-84 所示。

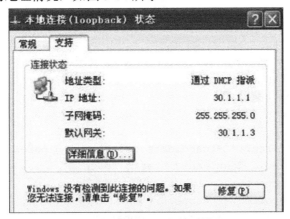

图5-84 查看PC机的地址情况

说明：PC机通过R3的DHCP正常获得了地址30.1.1.1，并且网关指向R3内网接口30.1.1.3。

（2）测试R3到ASA的连通性。

```
r3#ping 12.1.1.1
Type escape sequence to abort.
Sending 5, 100-byte ICMP Echos to 12.1.1.1, timeout is 2 seconds:
!!!!!
Success rate is 100 percent (5/5), round-trip min/avg /max = 148/220/380 ms
```

说明：因为R3与ASA都有默认路由指向Internet（路由器R2），而R2与R3和ASA都是可达的，所以R3与ASA通信正常。

（3）测试R3到R2的Loopback连通性。

```
r3#ping 2.2.2.2
Type escape sequence to abort.
Sending 5, 100-byte ICMP Echos to 2.2.2.2, timeout is 2 seconds:
!!!!!
Success rate is 100 percent (5/5), round-trip min/avg /max = 4/63/100 ms
```

说明：因为R3有默认路由指向Internet（路由器R2），所以R3与R2的Loopback通信正常。

（4）测试R3到公司总部的10.1.1.0/24和4.4.4.4/32的连通性。

```
r3#ping 10.1.1.4
Type escape sequence to abort.
Sending 5, 100-byte ICMP Echos to 10.1.1.4, timeout is 2 seconds:
U.U.U
Success rate is 0 percent (0/5)
r3#ping 4.4.4.4
Type escape sequence to abort.
Sending 5, 100-byte ICMP Echos to 4.4.4.4, timeout is 2 seconds:
U.U.U
Success rate is 0 percent (0/5)
```

说明：虽然R3有默认路由指向Internet路由器R2，但R2只有公网路由12.1.1.0和23.1.1.0，只能保证R3与ASA的通信，所以R1无法访问公司总部的私有网段10.1.1.0/24和4.4.4.4/32。

（5）查看R2的路由表。

```
r2#sh ip route
Codes: C - connected, S - static, R - RIP, M - mobile, B - BGP
D - EIGRP, EX - EIGRP external, O - OSPF, IA - OSPF inter area
N1 - OSPF NSSA external type 1, N2 - OSPF NSSA external type 2
E1 - OSPF external type 1, E2 - OSPF external type 2
i - IS-IS, su - IS-IS summary, L1 - IS-IS level-1, L2 - IS-IS level-2
ia - IS-IS inter area, * - candidate default, U - per-user static route
o - ODR, P - periodic downloaded static route
Gateway of last resort is not set
2.0.0.0/24 is subnetted, 1 subnets
C    2.2.2.0 is directly connected, Loopback0
```

```
23.0.0.0/24 is subnetted, 1 subnets
C    23.1.1.0 is directly connected, FastEthernet0/1
12.0.0.0/24 is subnetted, 1 subnets
C    12.1.1.0 is directly connected, FastEthernet0/0
```

说明：因为 R2 模拟 Internet 路由器，所以 R2 没有写任何路由，R2 的责任就只是保证 ASA 与 R3 能够通信即可。

（6）测试 PC 到 ASA 以及 R2 的 Loopback 的连通性，如图 5-85 所示。

图5-85　测试PC到ASA以及R2的Loopback的连通性

说明：因为 PC 的默认网关指向路由器 R3，并且 R3 已经配置 NAT 将 PC 所在的网段全部转换成外网接口地址 23.1.1.3 与 Internet 互联，所以 PC 与 ASA 和 R2 的 Loopback 通信正常。

（7）查看 PC 与 R2 的 Loopback 通信时的源地址，如图 5-86 所示。

图5-86　查看PC与R2通信时的源地址

说明：因为 R3 已经配置 NAT 将 PC 所在的网段全部转换成外网接口地址 23.1.1.3 与 Internet 互联，所以 PC 是使用源地址 23.1.1.3 与 R2 的 Loopback 通信的，同样也应该是使用源地址 23.1.1.3 与 ASA 通信的。

（8）测试 PC 到公司总部的 10.1.1.0/24 和 4.4.4.4/32 的连通性，如图 5-87 所示。

图5-87　测试PC到公司总部的连通性

说明：因为连 R3 都不能与公司总部的 10.1.1.0/24 和 4.4.4.4/32 通信，所以 PC 更不能。

3. 配置 EzVPN

（1）配置 IKE（ISAKMP）策略。

```
ciscoasa(config)# crypto isakmp policy 10
ciscoasa(config-isakmp-policy)# authentication pre-share
ciscoasa(config-isakmp-policy)# encryption 3des
ciscoasa(config-isakmp-policy)# hash sha
ciscoasa(config-isakmp-policy)# group 2
ciscoasa(config-isakmp-policy)# exit
```

说明：定义了 ISAKM Policy 10，加密方式为 3des，hash 算法为 sha，认证方式为 Pre-Shared Keys（PSK），密钥算法（Diffie-Hellman）为 group 2。

（2）定义 EzVPN Client 连接上来后自动分配的地址池。

```
ciscoasa(config)# ip local pool net100 100.1.1.100～100.1.1.200 mask 255.255.255.0
```

说明：地址池范围为 100.1.1.100～100.1.1.200。

（3）配置隧道分离。

```
ciscoasa(config)# access-list Split_Tunnel_List extended permit ip 10.1.1.0 255.255.255.0 any
ciscoasa(config)# access-list Split_Tunnel_List extended permit ip 4.4.4.4 255.255.255.255 any
```

说明：将 10.1.1.0/24 和 4.4.4.4/32 分离开来。

（4）配置用户组策略。

```
ciscoasa(config)# group-policy mypp internal
ciscoasa(config)# group-policy mypp attributes
ciscoasa(config-group-policy)# address-pool value net100
ciscoasa(config-group-policy)# dns-server value 202.96.209.133
ciscoasa(config-group-policy)# split-tunnel-policy tunnelspecified
ciscoasa(config-group-policy)# split-tunnel-network-list value Split_Tunnel_List
```

说明：定义了地址池，以及隧道分离信息，该组名不是 EzVPN Client 在创建拨号时定义的名字。

（5）配置用户隧道信息。

```
ciscoasa(config)# tunnel-group chinaccie type IPSec-ra
ciscoasa(config)# tunnel-group chinaccie general-attributes
ciscoasa(config-tunnel-general)# default-group-policy mypp ciscoasa(config-tunnel-general)# exit
ciscoasa(config)# tunnel-group chinaccie IPSec-attributes
ciscoasa(config-tunnel-IPSec)# pre-shared-key cisco123 ciscoasa(config-tunnel-IPSec)# exit
```

说明：定义了用户隧道名 chinaccie 的基本参数，认证密码为 cisco123，EzVPN Client 在创建拨号时，组名即为该隧道名 chinaccie。

项目5 基于VPN设备的VPN网络的组建

（6）关联 crypto map。

```
ciscoasa(config)# crypto IPSec transform-set ccie esp-3des esp-sha-hmac
ciscoasa(config)# crypto dynamic-map mymap 1 set transform-set ccie
ciscoasa(config)# crypto map ezvpn 10 IPSec-isakmp dynamic mymap
ciscoasa(config)# crypto map ezvpn interface outside
ciscoasa(config)# crypto isakmp enable outside
```

说明：将 crypto map 与 IPSec transform 关联起来，并应用于接口。

（7）创建用户名和密码。

```
ciscoasa(config)# username chinaccie password chinaccie
```

说明：创建了本地用户名 chinaccie 及密码 chinaccie，防火墙上可以不用 AAA 来定义认证。

4．测试 EzVPN

（1）在 PC 上创建 EzVPN 连接。

① 在 PC 上安装完 EzVPN Client 软件之后，打开后出现如图 5-88 所示的界面。

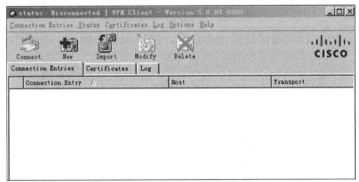

图5-88　EzVPN Client软件界面

② 单击 New 图标，弹出窗口，填写信息，建立 VPN 连接，如图 5-89 所示。

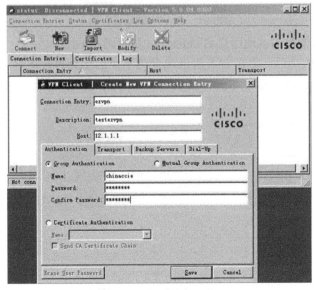

图5-89　建立VPN连接

说明：填写的信息必须与 EzVPN Server 上配置的一致，其他 host 必须为 EzVPN Server（即 R1）的外网接口地址 12.1.1.1，Group Authentication 的 Name 为用户组的名字 chinaccie，Password 是之前定义的 cisco123，填写完后，单击 Save 按钮保存。

③ 保存填写的信息后，弹出如图 5-90 所示的信息；然后在已保存的连接名上单击鼠标右键，然后在快捷菜单中选择 Connect 命令进行 EzVPN 连接。

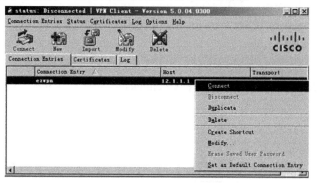

图5-90　连接EzVPN服务器

④ 向 EzVPN Server 成功发送连接请求之后，将出现认证提示，如图 5-91 所示。

图5-91　EzVPN的认证页面

说明：输入前面创建的本地用户名 chinaccie 及密码 cisco123。

⑤ EzVPN 连接成功后，将在右下角出现金色小锁的图标。在图标上单击鼠标右键并选择 Statistics 命令查看详细信息，如图 5-92 所示。

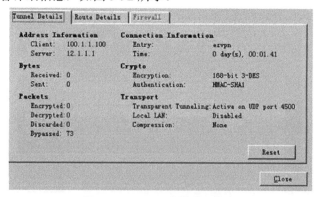

图5-92　EzVPN连接详细信息

说明：PC 上的 EzVPN 连接成功后，从 EzVPN Server 那里获得了地址 100.1.1.100。

（2）查看 PC 连接 EzVPN 后的隧道分离信息，如图 5-93 所示。

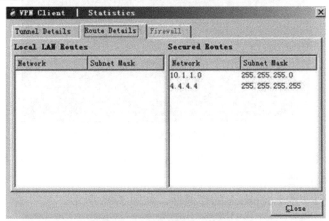

图5-93　查看隧道分离信息

说明：与配置的效果一样，去往公司总部的 10.1.1.0/24 和 4.4.4.4/32 是需要从 VPN 隧道走的。

（3）查看 PC 的路由表情况，如图 5-94 所示。

图5-94　查看 PC 的路由表情况

说明：从 PC 的路由表中可以看出，只有发往公司总部的 10.1.1.0/24 和 4.4.4.4/32 的流量才从 VPN 接口 100.1.1.100 发出，而其他流量都是从正常接口（30.1.1.3）发出，因为默认网关就是 30.1.1.3。

（4）再次测试 PC 到公司总部的 10.1.1.0/24 和 4.4.4.4/32 的连通性，如图 5-95 所示。

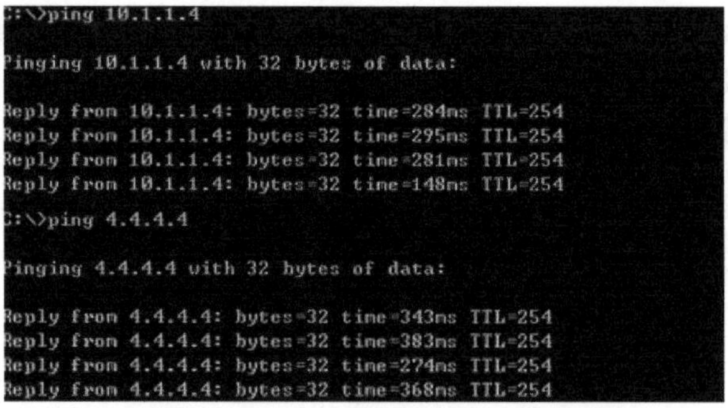

```
C:\>ping 10.1.1.4

Pinging 10.1.1.4 with 32 bytes of data:

Reply from 10.1.1.4: bytes=32 time=284ms TTL=254
Reply from 10.1.1.4: bytes=32 time=295ms TTL=254
Reply from 10.1.1.4: bytes=32 time=281ms TTL=254
Reply from 10.1.1.4: bytes=32 time=148ms TTL=254
C:\>ping 4.4.4.4

Pinging 4.4.4.4 with 32 bytes of data:

Reply from 4.4.4.4: bytes=32 time=343ms TTL=254
Reply from 4.4.4.4: bytes=32 time=383ms TTL=254
Reply from 4.4.4.4: bytes=32 time=274ms TTL=254
Reply from 4.4.4.4: bytes=32 time=368ms TTL=254
```

图5-95　再次测试PC到公司总部的连通性

说明：因为已经与公司总部路由器 ASA 建立 EzVPN 连接，所以现在与公司总部的 10.1.1.0/24 和 4.4.4.4/32 通信正常。

（5）测试 PC 到 R2 的 Loopback 的连通性，如图 5-96 所示。

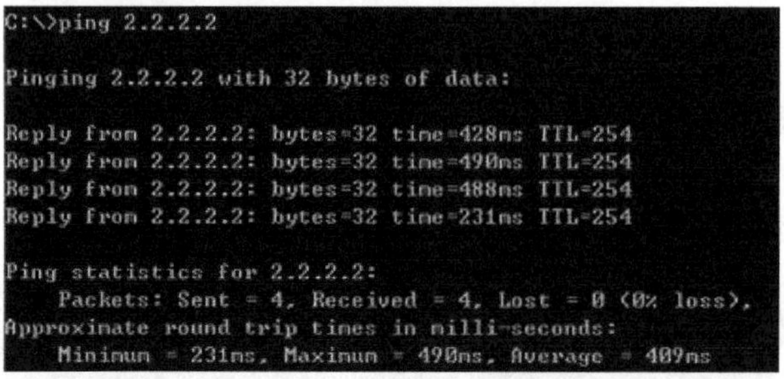

```
C:\>ping 2.2.2.2

Pinging 2.2.2.2 with 32 bytes of data:

Reply from 2.2.2.2: bytes=32 time=428ms TTL=254
Reply from 2.2.2.2: bytes=32 time=490ms TTL=254
Reply from 2.2.2.2: bytes=32 time=488ms TTL=254
Reply from 2.2.2.2: bytes=32 time=231ms TTL=254

Ping statistics for 2.2.2.2:
    Packets: Sent = 4, Received = 4, Lost = 0 (0% loss),
Approximate round trip times in milli-seconds:
    Minimum = 231ms, Maximum = 490ms, Average = 409ms
```

图5-96　测试PC到R2的Loopback的连通性

说明：因为配置了隧道分离（Split Tunneling），所以到 EzVPN Server 端的流量从 VPN 隧道中发出，能够正常通信，其他发到如 Internet 的流量则从正常接口发出，所以与 R2 的 Loopback 通信也正常。

（6）再次查看 PC 到公司总部的 10.1.1.0/24 和 4.4.4.4/32 以及到 R2 的 Loopback 的路径走向，如图 5-97 所示。

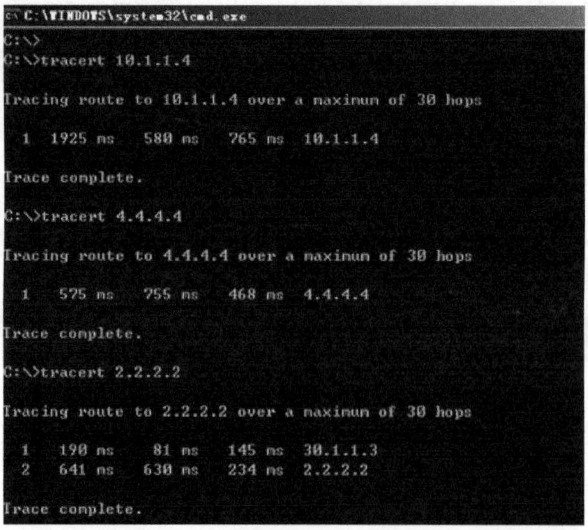

```
C:\WINDOWS\system32\cmd.exe
C:\>
C:\>tracert 10.1.1.4

Tracing route to 10.1.1.4 over a maximum of 30 hops

  1  1925 ms   580 ms   765 ms  10.1.1.4

Trace complete.

C:\>tracert 4.4.4.4

Tracing route to 4.4.4.4 over a maximum of 30 hops

  1   575 ms   755 ms   468 ms  4.4.4.4

Trace complete.

C:\>tracert 2.2.2.2

Tracing route to 2.2.2.2 over a maximum of 30 hops

  1   190 ms    81 ms   145 ms  30.1.1.3
  2   641 ms   630 ms   234 ms  2.2.2.2

Trace complete.
```

图5-97　查看PC到公司总部以及到R2的Loopback的路径走向

说明：从 PC 发向公司总部的数据包从 VPN 隧道直接就到达了公司总部的 ASA 防火墙，但到其他 Internet 的数据包则从正常接口发到 R3，然后由 R3 正常路由出去。

（7）查看 ASA 上的 IKESA（ISAKMP SA）。

```
ciscoasa# show crypto isakmp sa
Active SA: 1
Rekey SA: 0 (A tunnel will report 1 Active and 1 Rekey SA during rekey)
Total IKE SA: 1
1 IKE Peer: 23.1.1.3
  Type    : user Role   : responder
  Rekey   : no   State  : AM_ACTIVE
```

说明：IKESA 已经成功建立，ASA 本地源地址为 12.1.1.1，目标为 23.1.1.3。

（8）查看 ASA 上的 IPSec SA。

```
ciscoasa# show crypto IPSec sa
interface: outside
Crypto map tag: mymap, seq num: 1, local addr: 12.1.1.1
  local ident (addr /mask/prot/port): (0.0.0.0/0.0.0.0/0/0)
  remote ident (addr/mask/prot /port): (100.1.1.100/255.255.255.255/0/0)
current_peer: 23.1.1.3, username: chinaccie
  dynamic allocated peer ip: 100.1.1.100
  #pkts encaps: 13, #pkts encrypt: 13, #pkts digest: 13
  #pkts decaps: 13, #pkts decrypt: 13, #pkts verify: 13
  #pkts compressed: 0, #pkts decompressed: 0
  #pkts not compressed: 13, #pkts comp failed: 0, #pkts decomp failed: 0
  #pre-frag successes: 0, #pre-frag failures: 0, #fragments created: 0
  #PMTUs sent: 0, #PMTUs rcvd: 0, #decapsulated frgs needing reassembly: 0
#send errors: 0, #recv errors: 0
  local crypto endpt.: 12.1.1.1/4500, remote crypto endpt.: 23.1.1.3/1048
path mtu 1500, IPSec overhead 66, media mtu 1500
  current outbound spi: C29577AD
  inbound esp sas:
  spi: 0x9E962572 (2660640114)
     transform: esp-3des esp-sha-hmac none
     in use settings ={RA, Tunnel, NAT-T-Encaps, }
     slot: 0, conn_id: 4096, crypto-map: mymap
     sa timing: remaining key lifetime (sec): 28720 IV size: 8 bytes
     replay detection support: Y
  outbound esp sas:
  spi: 0xC29577AD (3264575405)
     transform: esp-3des esp-sha-hmac none
     in use settings ={RA, Tunnel, NAT-T-Encaps, }
     slot: 0, conn_id: 4096, crypto-map: mymap
     sa timing: remaining key lifetime (sec): 28719
     IV size: 8 bytes
     replay detection support: Y
```

说明：IPSec SA 中显示了任何去往 Client 的流量都会被加密。

（9）查看 ASA 的路由表情况。

```
ciscoasa# show route
Codes: C - connected, S - static, I - IGRP, R - RIP, M - mobile, B - BGP
       D - EIGRP, EX - EIGRP external, O - OSPF, IA - OSPF inter area
       N1 - OSPF NSSA external type 1, N2 - OSPF NSSA external type 2
       E1 - OSPF external type 1, E2 - OSPF external type 2, E - EGP
       i - IS-IS, L1 - IS-IS level-1, L2 - IS-IS level-2, ia - IS-IS inter area
       * - candidate default, U - per-user static route, o - ODR
       P - periodic downloaded static route
Gateway of last resort is 12.1.1.2 to network 0.0.0.0
S 100.1.1.100 255.255.255.255 [1/0] via 12.1.1.2, outside
S 4.4.4.4 255.255.255.255 [1/0] via 10.1.1.4, inside
C 10.1.1.0 255.255.255.0 is directly connected, inside
C 12.1.1.0 255.255.255.0 is directly connected, outside
S* 0.0.0.0 0.0.0.0 [1/0] via 12.1.1.2, outside
```

说明：EzVPN Server 自动产生了一条指向动态分配给 Client 的主机地址的路由。

 任务拓展——测试NAT对EzVPN的影响

（1）在 ASA 上配置 NAT。

```
ciscoasa(config)# global (outside) 1 interface
INFO: outside interface address added to PAT pool
ciscoasa(config)# nat (inside) 1 0.0.0.0 0.0.0.0
```

说明：在 ASA 上配置 NAT 将所有 Inside 接口的流量都转换为 Outside 接口地址 12.1.1.1 与 Internet 互联。

（2）再次测试 PC 到公司总部的 10.1.1.0/24 和 4.4.4.4/32 的连通性，如图 5-98 所示。

```
C:\>ping 10.1.1.4

Pinging 10.1.1.4 with 32 bytes of data:

Request timed out.
Request timed out.
Request timed out.
Request timed out.

C:\>ping 4.4.4.4

Pinging 4.4.4.4 with 32 bytes of data:

Request timed out.
Request timed out.
Request timed out.
Request timed out.
```

图5-98　测试PC到公司总部的连通性

说明：在 EzVPN Server 上，NAT 对 EzVPN 的影响和其他 VPN 一样，所以在 EzVPN Server 上配置了 NAT 后，需要 EzVPN 传递的流量就全不通了。

(3)将相应流量从 NAT 中移除。

```
ciscoasa(config)# access-list nonat extended permit ip10.1.1.0 255.255.255.0 100.1.1.0 255.255.255.0
ciscoasa(config)# nat (inside) 0 access-list nonat
```

说明：将源 10.1.1.0/24 去往 EzVPN Client 的流量从 NAT 中移除。

(4)再次测试 PC 到公司总部的 10.1.1.0/24 和 4.4.4.4/32 的连通性，如图 5-99 所示。

图5-99　再次测试PC到公司总部的连通性

说明：因为源 10.1.1.0/24 去往 EzVPN Client 的流量已经从 NAT 中移除，所以 PC 到 10.1.1.0/24 的流量正常，但到 4.4.4.4/32 的流量依然不通。

(5)再次将相应流量从 NAT 中移除。

```
ciscoasa(config)# $permit ip 4.4.4.4 255.255.255.255 100.1.1.0 255.255.255.0
```

说明：除了将源 10.1.1.0/24 去往 EzVPN Client 的流量从 NAT 中移除之外，再将源 4.4.4.4/32 去往 EzVPN Client 的流量从 NAT 中移除。

(6)再次测试 PC 到公司总部的 10.1.1.0/24 和 4.4.4.4/32 的连通性，如图 5-100 所示。

图5-100　再次测试PC到公司总部的连通性

说明：因为源 10.1.1.0/24 和 4.4.4.4/32 去往 EzVPN Client 的流量都已经从 NAT 中移除，所以 PC 到 10.1.1.0/24 和 4.4.4.4/32 的流量正常。

项目实训

[实训题]

通过 GNS3 及 VMware 构建实验平台。其中 ASA 作为 EzVPN Server，R2 模拟 Internet。PC 连接到 VMware 模拟计算机。通过配置 EzVPN Server，实现 PC 能访问总公司内部网络、同时也能访问 Internet。实验拓扑图如图 5-101 所示。

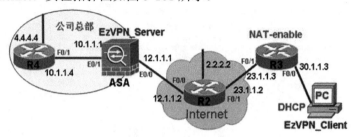

图5-101 实训拓扑图

[实训目的]

（1）掌握 GNS3 构建实验拓扑。
（2）掌握 GNS3 连接 VMware 共同构建实验平台的方法。
（3）了解 EzVPN 工作的原理。
（4）掌握 EzVPN 客户端登录的方式。

[实训条件]

（1）在 Windows 系统下安装 GNS3 软件。
（2）在 GNS3 中加载 Cisco 路由器 IOS 和模拟 ASA。
（3）在 VMware 系统中打开 Windows XP 系统。

[实训步骤]

1. 配置基础网络环境

配置 ASA 的接口地址，配置指向 R4 的的路由，默认路由指向路由器 R2；配置 R2 的接口地址，打开 VTY 的 Telnet 功能；配置 R3 的接口地址，并写默认路由指向路由器 R2，开启 DHCP，配置 NAT；配置 R4 的接口地址，默认路由指向公司总部出口 ASA 防火墙，打开 VTY 线路供远程用户作 Telnet 测试。

2. 测试基础网络环境

查看 PC 机的地址情况；测试 R3 到 ASA 的连通性；测试 R3 到 R2 的连通性；测试 R3 到公司总部的连通性；查看 R2 的路由表；测试 PC 到 ASA 和 R2 的连通性；查看 PC 与 R2 的通信时的源地址；测试 PC 到公司总部的连通性。

3. ASA 防火墙上配置 EzVPN

配置 IKE（ISAKMP）策略；定义 EzVPN Client 连接上来后自动分配的地址池；配置隧道分离；配置用户组策略；配置用户隧道信息；关联 crypto map；创建用户名和密码。

4. 测试 EzVPN

在 PC 上创建 EzVPN 连接；查看 PC 连接 EzVPN 后的隧道分离信息；查看 PC 的路由表情况；再次测试 PC 到公司总部的连通性；测试 PC 到 R2 的连通性；再次查看 PC 到公司总部及 R2 的路径走向；查看 ASA 上的 IKE SA；查看 ASA 上的 IPSec SA；查看 ASA 的路由表情况。

思考练习

一、单项选择题

1. 以下关于 VPN 说法正确的是（   ）。
A. VPN 指的是用户自己租用线路，和公共网络物理上完全隔离的、安全的线路
B. VPN 指的是用户通过公用网络建立的临时的、安全的连接
C. VPN 不能做到信息验证和身份认证
D. VPN 只能提供身份认证、不能提供加密数据的功能

2. IPSec 协议是开放的 VPN 协议。对它的描述有误的是（   ）。
A. 适应于向 IPv6 迁移　　　　　　　B. 提供在网络层上的数据加密保护
C. 可以适应设备动态 IP 地址的情况　　D. 支持除 TCP/IP 外的其他协议

3. 如果 VPN 网络需要运行动态路由协议并提供私网数据加密，通常采用什么技术手段实现？（   ）
A. GRE　　　　　　　　　　　　　B. GRE+IPSec
C. L2TP　　　　　　　　　　　　　D. L2TP＋IPSec

4. 部署 IPSec VPN 时，配置什么安全算法可以提供更可靠的数据加密？（   ）
A. DES　　　　　　　　　　　　　B. 3DES
C. SHA　　　　　　　　　　　　　D. 128 位的 MD5

5. 部署 IPSec VPN 时，配置什么安全算法可以提供更可靠的数据验证？（   ）
A. DES　　　　　　　　　　　　　B. 3DES
C. SHA　　　　　　　　　　　　　D. 128 位的 MD5

6. 部署大中型 IPSec VPN 时，从安全性和维护成本考虑，建议采取什么样的技术手段提供设备间的身份验证？（   ）
A. 预共享密钥　　　　　　　　　　B. 数字证书
C. 路由协议验证　　　　　　　　　D. 802.1x

7. 部署全网状或部分网状 IPSec VPN 时为减小配置工作量可以使用哪种技术？（   ）
A. L2TP＋IPSec　　　　　　　　　B. DVPN

C. IPSec over GRE D. 动态路由协议

8. 部署 IPSec VPN 网络时需要考虑 IP 地址的规划，尽量在分支节点使用可以聚合的 IP 地址段，其中每条加密 ACL 将消耗多少 IPSec SA 资源？（　　）

A. 1 个 B. 两个
C. 3 个 D. 4 个

9. IPSec 包括报文验证头协议 AH 协议号（　　）和封装安全载荷协议 ESP 协议号（　　）。

A. 51 50 B. 50 51
C. 47 48 D. 48 47

二、多项选择题

1. 关于 VPN，以下说法正确的有（　　）。

A.VPN 的本质是利用公网的资源构建企业的内部私网

B.VPN 技术的关键在于隧道的建立

C.GRE 是三层隧道封装技术，把用户的 TCP/UDP 数据包直接加上公网的 IP 报头发送到公网中去

D.L2TP 是二层隧道技术，可以用来构建 VPDN

2. 设计 VPN 时，对于 VPN 的安全性应当考虑的问题包括哪些？（　　）

A. 数据加密

B. 数据验证

C. 用户验证

D. 隧道协议设计

E. 防火墙与攻击检测

3. VPN 按照组网应用分类，主要有哪几种类型？（　　）

A.Access VPN B.Extranet VPN
C.Intranet VPN D.Client initiated VPN

4. VPN 给服务提供商（ISP）及 VPN 用户带来的益处包括哪些？（　　）

A.ISP 可以与企业建立更加紧密的长期合作关系，同时充分利用现有网络资源，提高业务量

B.VPN 用户 190 节省费用

C.VPN 用户可以将建立自己的广域网维护系统的任务交由专业的 ISP 来完成

D.VPN 用户的网络地址可以由企业内部进行统一分配

E. 通过公用网络传输的私有数据的安全性得到了很好的保证

5. VPN 网络设计的安全性原则包括（　　）。

A. 隧道与加密

B. 数据验证

C. 用户识别与设备验证

D. 入侵检测与网络接入控制

E. 路由协议的验证

6. VPN 组网中常用的站点到站点接入的方式是（　　）。
   A. L2TP   B. IPSec
   C. GRE+IPSec   D. L2TP+IPSec
7. 移动用户常用的 VPN 接入方式是（　　）。
   A. L2TP   B. IPSec+IKE
   C. GRE+IPSec   D. L2TP+IPSec
8. VPN 设计中常用于提供用户识别功能的是（　　）。
   A. RADIUS   B. TOKEN 卡
   C. 数字证书   D. 802.1x
9. IPSec VPN 组网中网络拓扑结构可以为（　　）。
   A. 全网状连接   B. 部分网状连接
   C. 星型连接   D. 树型连接
10. 移动办公用户自身的性质决定其比固定用户更容易遭受病毒或黑客的攻击，因此部署移动用户 IPSec VPN 接入网络时需要注意（　　）。
    A. 移动用户个人电脑必须完善自身的防护能力，需要安装防病毒软件、防火墙软件等
    B. 总部的 VPN 节点需要部署防火墙，确保内部网络的安全
    C. 适当情况下可以使用集成防火墙功能的 VPN 网关设备
    D. 使用数字证书
11. 关于安全联盟 SA，说法正确的是（　　）。
    A. IKE SA 是单向的   B. IPSec SA 是双向的
    C. IKE SA 是双向的   D. IPSec SA 是单向的
12. IPSec 的两种工作方式（　　）
    A. NAS-initiated   B. Client-initiated
    C. Tunnel   D. Transport
13. AH 是报文验证头协议，主要提供以下功能（　　）。
    A. 数据机密性   B. 数据完整性
    C. 数据来源认证   D. 反重放

三、填空题

1. IPSec 提供的两种安全机制：_____和_____。
2. 按实现协议层次传输层的 VPN 有_____；网络层的 VPN 有_____、_____、_____；链路层的 VPN 有_____、_____。

参考文献

［1］迪尔（Deal. R.）. Cisco VPN 完全配置指南. 北京：人民邮电出版社，2007

［2］金汉均. VPN 虚拟专用网安全实践教程. 北京：清华大学出版社，2010

［3］秦柯. Cisco IPSec VPN 实战指南. 北京：人民邮电出版社，2012

［4］《全国高等职业教育计算机系列规划教材》丛书编委会. Windows Server 2008 服务器架设与管理教程（项目式）. 北京：电子工业出版社，2011

［5］朱红星. 计算机网络管理员认证实验指导. 广州：广东科技出版社，2009

［6］谢希仁. 计算机网络. 第5版. 北京：电子工业出版社，2009

［7］沈鑫剡. 计算机网络工程实验教程. 北京：清华大学出版社，2013

［8］王春海. VPN 网络组建案例实录. 第2版. 北京：科学出版社，2011

［9］马春光. 防火墙、入侵检测与 VPN. 北京：北京邮电大学出版社，2008

反侵权盗版声明

电子工业出版社依法对本作品享有专有出版权。任何未经权利人书面许可，复制、销售或通过信息网络传播本作品的行为；歪曲、篡改、剽窃本作品的行为，均违反《中华人民共和国著作权法》，其行为人应承担相应的民事责任和行政责任，构成犯罪的，将被依法追究刑事责任。

为了维护市场秩序，保护权利人的合法权益，我社将依法查处和打击侵权盗版的单位和个人。欢迎社会各界人士积极举报侵权盗版行为，本社将奖励举报有功人员，并保证举报人的信息不被泄露。

举报电话：（010）88254396；（010）88258888
传　　真：（010）88254397
E-mail：dbqq@phei.com.cn
通信地址：北京市万寿路 173 信箱
　　　　　电子工业出版社总编办公室
邮　　编：100036